张沁

青少年
百科阅读

青少年着迷的

恐龙秘密

山西出版传媒集团
山西经济出版社

图书在版编目（CIP）数据

青少年着迷的恐龙秘密 / 张志伟著 . –– 太原：
山西经济出版社 , 2019.1（2021.5重印）
（新时代百科阅读）
ISBN 978–7–5577–0415–5

Ⅰ . ①青… Ⅱ . ①张… Ⅲ . ①恐龙–青少年读物
Ⅳ . ① Q915.864–49

中国版本图书馆 CIP 数据核字（2018）第 271320 号

青少年着迷的恐龙秘密
QINGSHAONIAN ZHAOMI DE KONGLONG MIMI

| 著 者：张志伟 |
| 选题策划：吕应征 |
| 责任编辑：解荣慧 |
| 装帧设计：蔚蓝风行 |

出 版 者：山西出版传媒集团·山西经济出版社
地 址：太原市建设南路 21 号
邮 编：030012
电 话：0351-4922133（市场部）
　　　　0351-4922085（总编室）
E – mail：scb@sxjjcb.com（市场部）
　　　　　zbs@sxjjcb.com（总编室）
网 址：www.sxjjcb.com
经 销 者：山西出版传媒集团·山西经济出版社
承 印 者：永清县晔盛亚胶印有限公司
开 本：787mm×1092mm　　1/16
印 张：10
字 数：80 千字
版 次：2019 年 1 月　　第 1 版
印 次：2021 年 5 月　　第 2 次印刷
书 号：ISBN 978–7–5577–0415–5
定 价：24.80 元

前言

　　在大约 2 亿年前的中生代时期，地球上的气候温暖湿润。陆地上到处都是郁郁葱葱的植物，以恐龙为代表的爬行动物发展到了顶峰，地球成为一群史前巨兽的乐园。飞龙、翼龙自在地飞翔于空中；蛇颈龙、鱼龙欢畅地游弋于海洋；雷龙、剑龙、甲龙和霸王龙则威武地在林间散步。

　　可是，这样一个庞大的家族，却在 6500 万年前神秘地消失了。恐龙为什么会一下子就消失了？这是一个未解之谜。很多年来人们纷纷猜测，但一直没有一个肯定的答案。所幸的是有些死去的恐龙并没有完全消失，它们的骨骼变成了化石在大自然中保留了下来，使今天的我们知道，这些巨大的爬行动物曾经有过一段光辉灿烂的历史。

　　在人类出现以前，曾经有众多生物在地球上产生继而消亡，恐龙则是这些生物中最负盛名的一类，它们统治了地球约 1.5 亿年之久，是目前人类在地球上生存时间的 150 倍呢！

　　它们的世界当然充满传奇色彩。让我们一起走进恐龙的世界，去探索它们的秘密。

目录 Contents

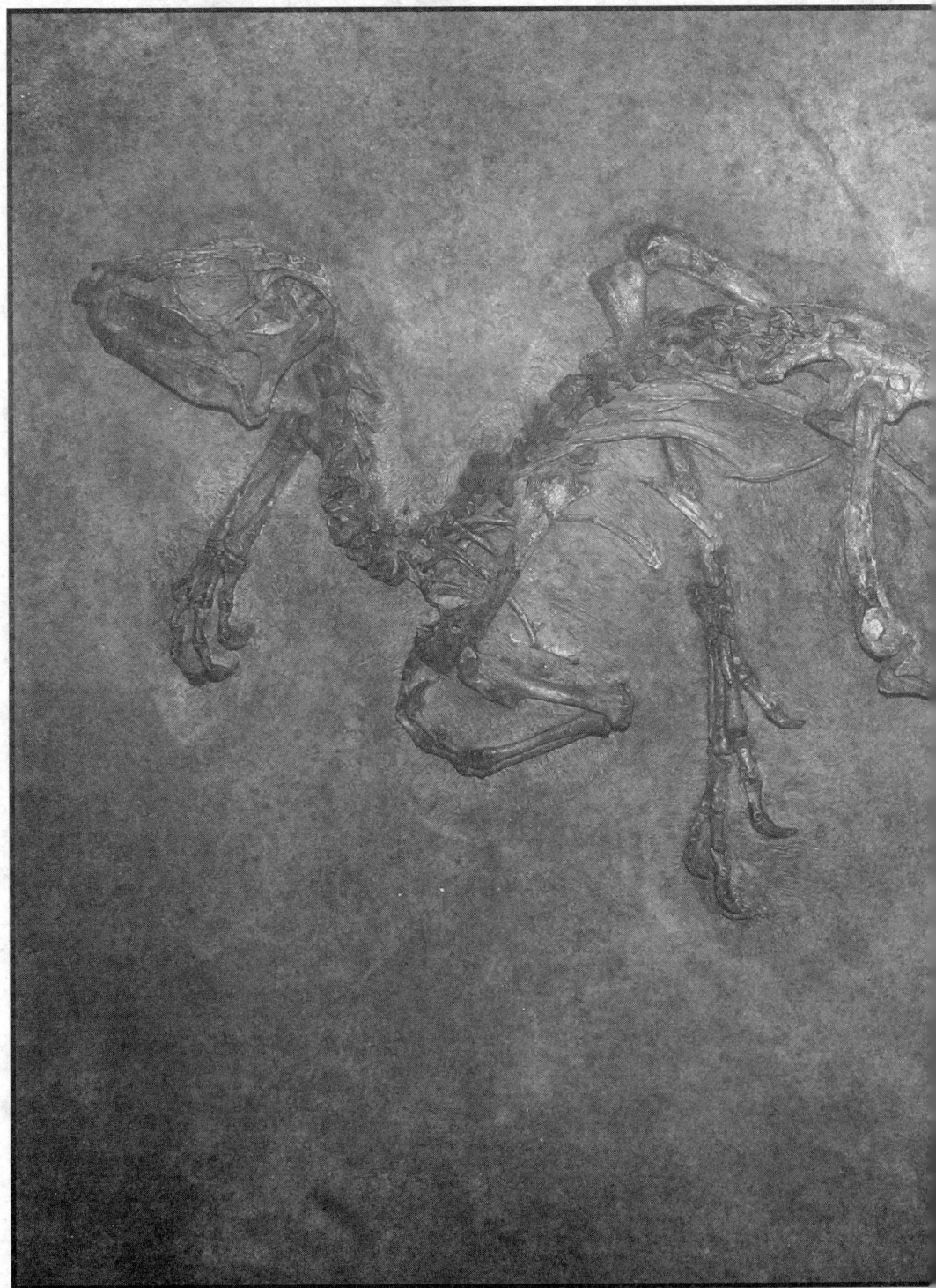

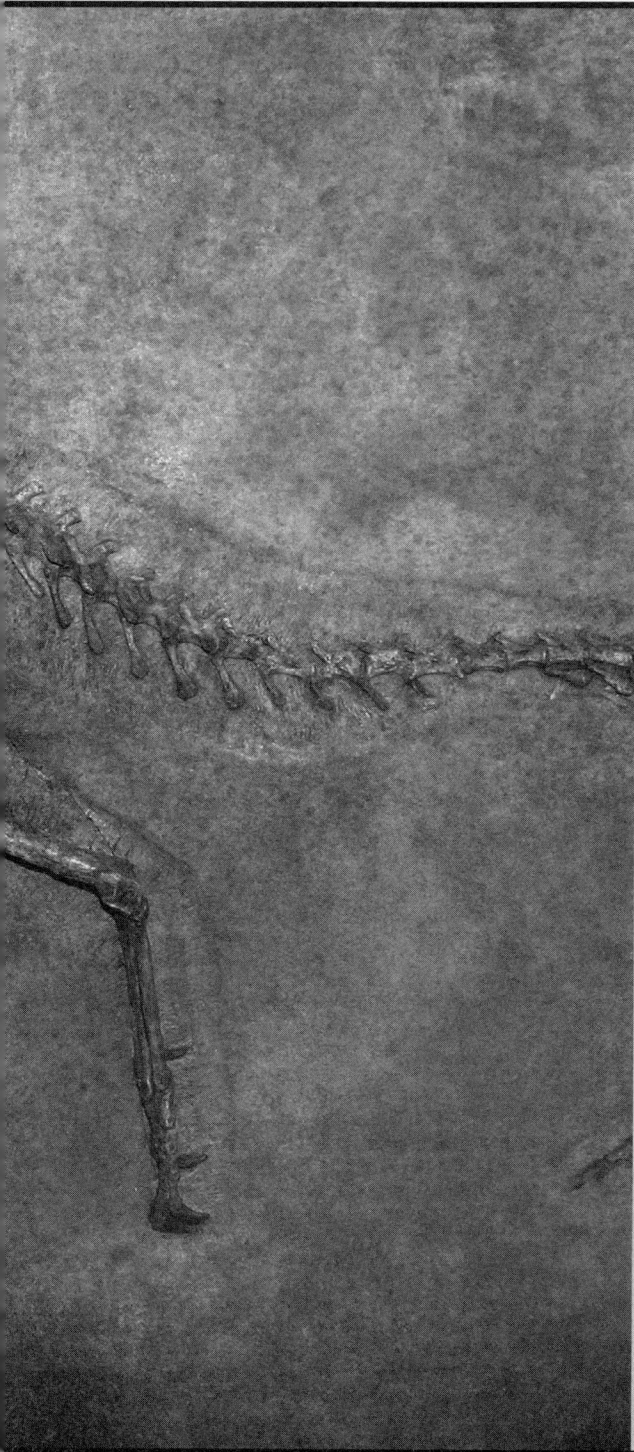

史前霸主的辉煌

地球从诞生至今已经度过了约46亿年的漫长时光，如果把地球的历史缩短为1个小时，那么地球上的动物在最后15分钟才会出现，而人类出现得更晚。在所有的史前动物中，恐龙无疑是最引人注目的一类。它们在地球上至少生活了1.5亿年，在其生存的整个地质历史时期，几乎主宰了世界，是当之无愧的史前霸主。

沧海桑田——古生物的历史变迁

如今，地球上生活着各种各样的动物和植物，已经被确认的有200多万种，然而曾在地球上出现过又最终灭绝的生物则远远超过了这个数目。近35亿年来，生物不断演化，才形成今天千姿百态、种属繁多的生物界。

生命的起源

在距今约35亿年前，地球上的原始大气在紫外线、闪电、高温的作用下合成蛋白质、核酸等有机物质，经过进一步演化，最终产生了最原始的生命，地球的历史开始进入生物进化的阶段。

地球形成之初，原始海洋的形成。

米勒实验

美国科学家米勒在1953年把氨气、氢气、水、甲烷放在一个密封的瓶子里面。他又给瓶子的两头插上金属棒，之后接通电源。奇迹出现在几天之后，大量的氨基酸居然产生了。蛋白质是由氨基酸组成的，按恩格斯的说法，"蛋白质是生命存在的形式"，可见，米勒的实验所揭示的也许就是生命从无机物而来的重要一步。

藻类和无脊椎动物时代

25亿~4.35亿年前，藻类是元古代海洋中的主要生物。到寒武纪时，各门类无脊椎动物大量涌现，以三叶虫为最多，约占当时动物界的60%。奥陶纪时，各门类无脊椎动物已发展齐全，海洋呈现出一派生机勃勃的景象。

早期海洋中的原始生命

鹦鹉螺

> **note 知识小笔记**
>
> 素有"活化石"之称的鹦鹉螺出现在距今4.5亿年前的寒武纪，它揭示了大自然演变的奥秘。

三叶虫

三叶虫体外包有一层外壳，该外壳比较坚硬。通常，人们所采到的三叶虫化石都是它们的外壳。

三叶虫化石

3

史前霸主的辉煌

裸蕨植物和鱼类时代

在距今 4.35 亿 ~3.55 亿年前，地质史上称志留纪和泥盆纪。这段时期，绿藻登陆大地，进化为裸蕨植物，无脊椎动物进化为脊椎动物。志留纪时出现的无颌甲胄鱼类，是原始脊椎动物的最早成员之一，但不是真正的鱼类，志留纪末期出现的盾皮鱼类和棘鱼类才是真正的鱼类。

志留纪，是海洋生物的繁盛时期，早期的鱼类出现了，陆生植物和陆生节肢动物也出现了。

总鳍鱼类

总鳍鱼类的化石出现于古生代的泥盆纪，它们经历了一个种类繁多、分布广泛的繁荣阶段，直至中生代的白垩纪才趋于灭绝。这些化石总鳍鱼和肺鱼一样，都长有肺。其中，侧鳍的底部还长有发达的肌肉，鳍内的原骨骼排列和陆栖脊椎动物的四肢骨构造很相似。这种肉质的鳍既能支撑身体，也能推动身体在陆地移动。此外，通过地质史和发掘的化石证明，总鳍鱼有可能进化为古代的两栖类。早期的总鳍鱼一般生活在淡水中，从中生代的三叠纪开始，有一支开始转移到海中生活。

泥盆纪时期的腔棘鱼

总鳍鱼

腔棘鱼

腔棘鱼大约出现于 3.5 亿年前的泥盆纪。它们曾经昌盛一时，分布在许多地方。由于科学家在白垩纪之后的地层中找不到它们的踪影，因此认为此时它们已经全部灭绝了。1938 年，南非的博物馆员玛罗丽·考特内·拉蒂莫在巡视渔民捕的鱼时发现了腔棘鱼，因而受到全世界的瞩目。

蕨类植物和两栖动物时代

在距今 3.55 亿~2.5 亿年前的石炭纪和二叠纪时期，裸蕨植物已绝灭了，取而代之的是石松类、楔叶类、真蕨类和种子蕨类等植物，它们生长茂盛，形成壮观的森林。此时的昆虫种类已有几万种，两栖类动物也出现了。到二叠纪末期，两栖类逐渐进化为原始爬行动物。

蛇日龙是地球上首批出现的最凶猛的肉食动物，长着比犬齿更锋利的长牙，被喻为二叠纪的"丛林大王"。

泥盆纪

从泥盆纪开始，地球又开始发生了海西运动。因此，泥盆纪时期的许多地区逐渐抬升，露出海面成为陆地。

这一时期，一些泡沫型和双带型的四射珊瑚发展得相当繁盛。早泥盆纪时期，以泡沫型的珊瑚发展为主，而双带型的珊瑚则刚刚开始兴起；到了中晚期的泥盆纪，双带型的珊瑚就已经占据了主要的地位。

泥盆纪，各大陆开始移动，昆虫和两栖动物出现。

史前霸主的辉煌

恐龙时代的来临——三叠纪

在 距今 2.5 亿~6500 万年前，生物史称为中生代，包括了地质史的三叠纪、侏罗纪和白垩纪，其中三叠纪始于距今 2.5 亿年前，延续了约 5000 万年。三叠纪时，脊椎动物得到了进一步的发展，其中，槽齿类爬行动物出现，并从它发展出最早的恐龙。

1.35 亿年前，大西洋已经张开

劳亚古陆和冈瓦纳古陆

气候条件

三叠纪时期，地球的两极没有陆地或冰川，靠近海洋地方比较湿润而草木茂盛，但是由于陆地的面积十分广阔，带湿气的海风无法进入内陆地区，大陆中部便形成了一块很大的沙漠，气候相当干燥。

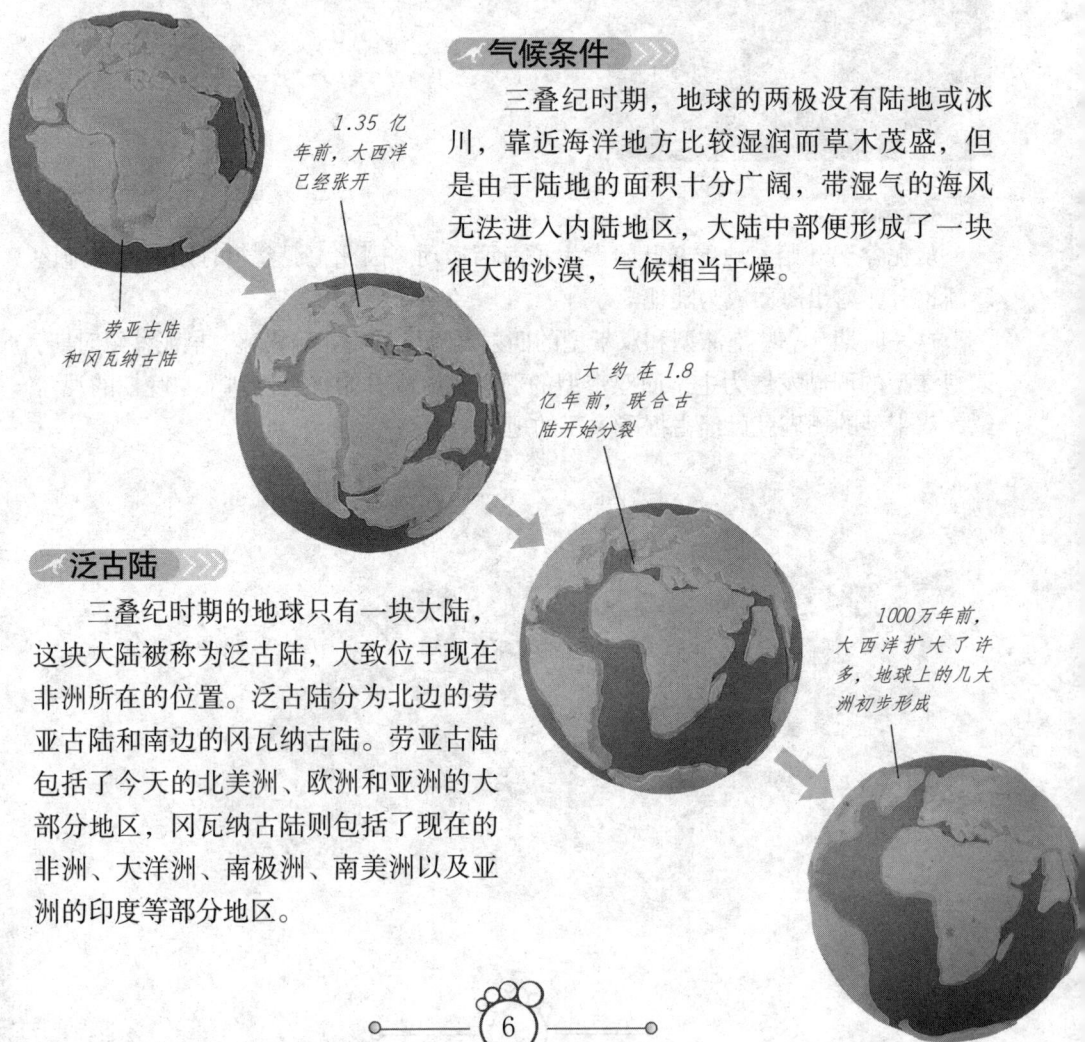

大约在 1.8 亿年前，联合古陆开始分裂

泛古陆

三叠纪时期的地球只有一块大陆，这块大陆被称为泛古陆，大致位于现在非洲所在的位置。泛古陆分为北边的劳亚古陆和南边的冈瓦纳古陆。劳亚古陆包括了今天的北美洲、欧洲和亚洲的大部分地区，冈瓦纳古陆则包括了现在的非洲、大洋洲、南极洲、南美洲以及亚洲的印度等部分地区。

1000万年前，大西洋扩大了许多，地球上的几大洲初步形成

植物分布 ▶▶▶

三叠纪时期，在广阔又炎热的劳亚古陆上，分布着银杏、种子蕨类、苏铁及拟苏铁类等耐旱的植物；而舌羊齿则是冈瓦纳古陆上最主要的树木。到了三叠纪后期，苏铁类和松柏类等原始针叶植物最终取代了蕨类植物，成为地球上最常见的树木。

三叠纪时期的森林

动物多样化 ▶▶▶

这一时期，陆地上的各类节肢动物开始多样化，蜘蛛、蝎子、马陆、蜈蚣等古老物种重新繁盛，各类新品种的昆虫也开始出现，占据了天空，从此一直绵延至今。似哺乳的爬行类也多了起来，但又逐渐被新的"祖龙类"取代，这是翼龙、鳄与恐龙的祖先。

三叠纪时期的地球上生活着许多种昆虫。它们和现代昆虫的差距很大，例如图中的这只蜻蜓，它的体积比现代蜻蜓大很多。

恐龙出现 ▶▶▶

到三叠纪中期时，早期恐龙作为优秀的掠食者而出现。海洋中除了无脊椎动物及鱼类以外，爬行类也进入海洋。三叠纪晚期，恐龙已经成为种类繁多的一个类群，在生态系统中占据了重要地位。因此，三叠纪也被称为"恐龙时代前的黎明"。

note **知识小笔记**

世界上最早的乌龟——原腭龟也出现在三叠纪晚期。

史前霸主的辉煌

恐龙家族的巅峰——侏罗纪

侏罗纪属于中生代中期，距今 2 亿~1.46 亿年。这一时期，地球上单一的大陆分裂为两块，植物和气候变得更加多样，恐龙家族呈现空前的繁荣。在超过 5000 万年的时间内，它们发展成为素食性和肉食性恐龙，地球成了一个千姿百态的巨兽世界。

气候状况 >>>

这时候全球各地的气候都很温暖，海洋产生湿润的风，为内陆沙漠带来了降雨，因此，植被区域延伸到以前的不毛之地。地球上的气候比现在温暖、均衡，但也存在热带、亚热带和温带的区别。

侏罗纪时期，气候温暖，植物茂盛。

侏罗纪场景

植物分布 >>>

侏罗纪早期，地球上单一的大陆分裂为两块。植物群落中，裸子植物中的苏铁类、松柏类和银杏类极其繁盛，它们和蕨类植物中的木贼类、真蕨类共同组成茂盛的森林，为数量众多的恐龙提供了所需的食物。

巨大的怪兽 ▶▶▶

　　此时，最吸引人的动物自然是巨大的蜥脚类恐龙。侏罗纪晚期，蜥脚类恐龙达到全盛，成为地球陆地上出现过的最巨大的动物。在大约 1.46 亿年前，侏罗纪结束时，蜥脚类恐龙大大衰落，在它们灭绝后，陆地上再也没有出现过它们那样巨大的动物。

　　鸟脚类恐龙是鸟臀类恐龙中最早分化出来的类群。它们到侏罗纪晚期时已经发展成为一个大家庭，遍布世界各地。弯龙就是这个家族中的一员。

侏罗纪时期的蜥脚类恐龙——梁龙

恐龙的进化 ▶▶▶

　　这一时期，恐龙进化成两个截然不同的类群，即蜥臀目和鸟臀目。它们的区别就在于髋部结构，蜥臀类髋部的耻骨指向下方，鸟臀类的耻骨指向后方。

始祖鸟

始祖鸟出现 ▶▶▶

　　侏罗纪晚期，最早的鸟类——始祖鸟出现，开启了鸟类时代。恐龙时代的鸟类化石稀少，但始祖鸟显示出许多肉食性恐龙的特征，因而大多数科学家认为它是由恐龙进化而来的。

史前霸主的辉煌

恐龙帝国的末日——白垩纪

白垩纪是中生代最后一个时期，从 1.46 亿年前起大约持续了 8000 万年。这一时期，恐龙仍然繁盛，并演化出许多种类。但到白垩纪末期，由于环境的突变，所有恐龙以及鱼龙和翼龙全都灭绝了，称雄一时的爬行动物至此一蹶不振，退出了历史舞台。

地理特征 >>>

在白垩纪，泛古陆完全分裂成现在的各大陆，但是它们和现在的位置不完全相同。这些板块运动，形成大量的海底山脉，进而造成全球性的海平面上升，这为恐龙分化得更加多姿多彩创造了特殊的环境。

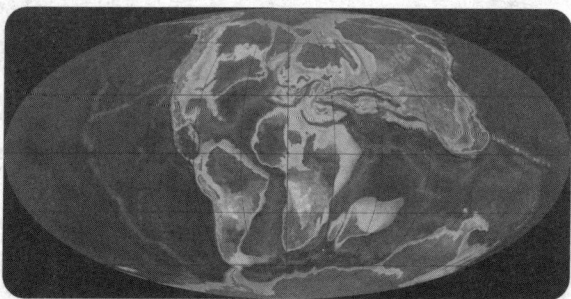

白垩纪时期，地球上的大陆分布状况。

白垩纪的岩石，发现于英格兰，众多的空洞是鹅卵石的痕迹。

白垩层 >>>

之所以被称为白垩纪，主要就在于其地层富含白垩。白垩是石灰岩的一种，主要是由方解石组成的，其颗粒均匀细小，用手就可以搓碎。白垩层，则是一种极细而纯的粉状灰岩，主要由一种叫作"颗石藻"的钙质超微化石和浮游有孔虫化石构成。白垩层不仅发育于欧洲，诸如北美洲和澳大利亚西部的一些地区也有分布。

白垩纪早期的植物群落

植物的演变 >>>

白垩纪早期，裸子植物依然繁茂，高大的乔木和矮小的苏铁类组成广阔的森林。同时，出现了双子叶与单子叶的被子植物。白垩纪晚期，被子植物迅速兴盛，代替了裸子植物而占据优势，形成延续至今的被子植物时代,如木兰、柳、枫、白杨、桦、棕榈等遍布地表。

被子植物 >>>

白垩纪时期，开花植物（被子植物）陆续开始出现，但它们直到坎潘阶才成为优势植物。由于蜜蜂的出现，加快了开花植物的演化。因此，开花植物与昆虫是共同演化的。此外，榕树、悬铃木等大型植物也纷纷在这一时期出现。而一些早期的裸子植物，仍然存在于这一时期，比如松柏目。

苏铁是现存于地球上最古老的裸子植物，目前世界上还残存约 200 种。

note 知识小笔记

白垩纪末期，地球上的生物经历了又一次重大的灭绝事件，爬行动物中闯过此关而且残留至今的只有鳄类、龟鳖类、蛇和蜥蜴等少数几类。

油田的形成 >>>

白垩纪时期，南美洲与非洲大陆之间的裂谷迅速张开，从而形成了南大西洋。到了末期，该裂谷已经加宽到约 3000 千米。而北大西洋裂谷则位于格陵兰岛和北美洲东侧，随着北美洲向西漂移。此外，由于该时期气候温暖，雨量也比较充沛，近海及滨海地带因而形成了丰富的石油、煤、天然气和油页岩矿床，比如美国、墨西哥、俄罗斯、波斯湾和北非的许多大油田。

史前霸主的辉煌

菊石纲

在白垩纪的海生无脊椎动物中，最重要的门类仍为菊石纲。菊石在壳体大小、壳形、壳饰和缝合线类型上，可比侏罗纪时期的种类要多得多。而一些海生的双壳类、六射珊瑚、有孔虫等也比较繁盛。淡水无脊椎动物以软体动物的双壳类、腹足类和节肢动物的介形类、叶肢介类为主。

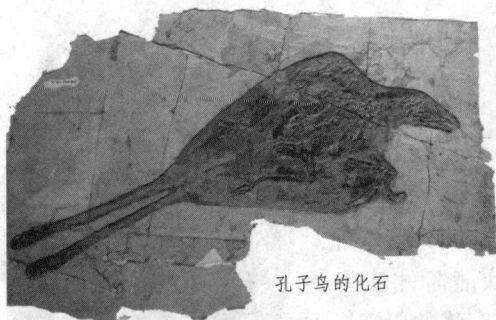

各种菊石

孔子鸟的化石

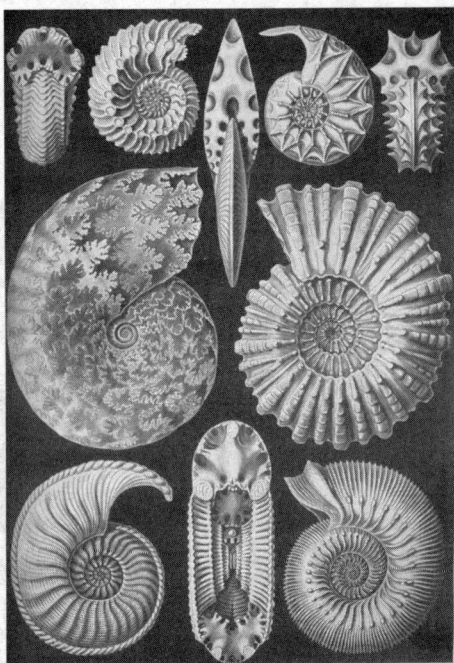

孔子鸟生活场景图

鸟类的进化

鸟类是脊椎动物向空中发展取得最成功的类群。白垩纪早期，鸟类开始分化，并且飞行能力及树栖能力比始祖鸟大大提高。我国古生物学家发现的著名的"孔子鸟"就是白垩纪早期鸟类的代表。

哺乳动物的演化

在白垩纪，哺乳动物也演化出许多类群，但在这个时候，它们还没有占据统治地位，恐龙灭绝以后，哺乳类动物才获得了较快的演化。

白垩纪场景图

恐龙的发展

白垩纪时期，陆地上的优势动物仍然是爬行动物，尤其是恐龙，它们较之前一个时期更为多样化。鸭嘴龙、甲龙和角龙在白垩纪晚期才迅速发展，特别是角龙，虽然白垩纪晚期才在地球上出现，却在很短的时间内就进化出了丰富的种类。

角龙

暴龙生存于白垩纪晚期，是地表上出现过大型的掠食动物之一。

史前霸主的辉煌

岁月的痕迹——珍贵的恐龙化石

在人类出现以前，恐龙就已经灭绝了，没人见过活的恐龙。今天我们所知道的有关恐龙的一切都是从恐龙化石中得来的。恐龙化石大多保存在沉积岩中，并且化石的出露也是有一定规律的。科学家们就根据恐龙化石来探索有关恐龙的秘密。

掩埋 »»

　　恐龙死去后，它的尸体很快被沉积物或泥沙覆盖。这些沉积物中含有细小的颗粒，会在尸体表面形成一层松软的覆盖物。这条"毯子"可保护恐龙的尸体免受食腐动物的侵袭，也可隔绝氧气，抑制微生物分解。

石化过程 »»

　　恐龙的骨骼和牙齿等坚硬部分是由矿物质构成的。矿物质在地下往往会分解和重新结晶，变得更为坚硬，这一过程被称为"石化过程"。随着上面沉积物的不断增厚，遗体越埋越深，最终变成了化石。

挖掘化石时所使用的工具

错综复杂的化石

恐龙专家在发掘现场所看到的恐龙化石同博物馆里陈列的恐龙化石完全两样。在大多数情况下，不同骨骼会错综复杂地堆在一起，而且大块的骨骼往往碎成几块或发生变形，需要恐龙专家把它们分类、拼接、复原。

科学家一般首先要找到这些恐龙骨架的重心，然后用钢柱固定在底座上。这样，一具完整的恐龙骨架才能呈现在我们眼前。

note 知识小笔记

将一块块恐龙化石拼凑成一具完整骨架，是一个非常复杂的过程，有时需要比在野外挖掘花费更长的时间。

化石的类别

恐龙残体如牙齿和骨骼化石都被称为体躯化石；至于恐龙的遗迹（包括足迹、巢穴、粪便或觅食痕迹）则被称为生痕化石。这些化石是我们研究恐龙的主要依据，据此我们可以推断出恐龙的类型、数量、大小等情况。

恐龙的头骨化石

史前霸主的辉煌

最有价值的"遗产"——恐龙公墓

在世界的一些地方，发现了大量恐龙遗骸集中埋在一处的现象，这就是"恐龙公墓"。恐龙公墓是一种自然现象，往往是恐龙生前突然遭遇某些自然灾难被迅速埋葬形成的。恐龙公墓是恐龙时代留给今天的有价值的自然遗产之一。

比利时伯尼萨特禽龙墓

1877~1878 年间，在比利时伯尼萨特的一个煤矿中，矿工在地层深处挖掘坑道时，发现了 39 只禽龙的化石，其中有许多骨架保存得相当完整。据科学家推测，这里曾经是一个峡谷，生活在附近的禽龙有时会被突发的山洪冲下深谷摔死并被沉积物掩埋，然后变成化石。

架设中的伯尼萨特禽龙骨骸

note 知识小笔记

恐龙公墓中的恐龙因尸骨埋得快，大量不同种类的恐龙会保持死亡瞬间的状态，所以墓中常保存有非常完整和比较完整的化石骨架。

四川自贡大山铺恐龙墓

1977 年，在我国四川省自贡市的大山铺，人们发现了埋藏丰富、保存完整的恐龙化石，大山铺因而被科学家形象地称为"恐龙墓"，目前已发掘的恐龙埋藏厅面积约 1900 平方米，这还不到发现面积的 1/6。

美国古斯特的腔骨龙墓

1947 年，在美国新墨西哥州一个叫古斯特的农场，发现了一个有着奇特的恐龙化石的"万龙坑"，里面竟有数百只里奥阿拉巴龙的化石骨架。它们杂乱无章地堆积在一起，既有年老的，又有年幼的。专家估计，当时它们一定遇到了某种突发性的灾难而死于此地。

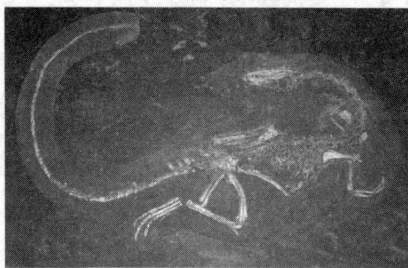

1947 年，人们在美国新墨西哥州发现了一个埋有大量腔骨龙化石的尸骨层。上图为腔骨龙的骨骼化石。

云南元谋恐龙公墓

2004 年 4 月，考古学家在我国云南省元谋县发现了一个恐龙化石群。数百条恐龙集中在一个不到 30 平方千米的地方，形成一个真正的"恐龙公墓"。这里化石的年代从侏罗纪早期一直到白垩纪早期，跨越了几千万年。

加拿大艾伯塔尖角龙群葬墓

1985 年，在加拿大的"恐龙之乡"艾伯塔省，人们发现有数百只不同年龄段的尖角龙化石埋在一起。一些古生物学家分析，当时，一大群尖角龙过河时，突遇山洪暴发，河水猛涨，许多弱者被淹死在河中，并很快被泥沙掩盖，千百万年后变成了化石。

艾伯塔省省立恐龙公园

史前霸主的辉煌

恐龙家族揭秘

恐龙是中生代最活跃、最繁盛的爬行动物，它们拥有非常庞大的家族。恐龙的种类不同，体形和习性相差也大。大一些的比几十头大象加起来还要大；小的，却跟一只鸡差不多大。就食性来说，既有温顺的素食者，也有凶暴的肉食者……而所有这些关于恐龙的秘密都是科学家通过研究恐龙化石而获得的。

"恐怖的蜥蜴"——"恐龙"的来历

虽然恐龙化石已经在地球上存在了数千万年，但直到 19 世纪，人们才知道地球上曾经有这么奇特的动物存在过。第一个发现恐龙化石的是一位名叫吉迪昂·曼特尔的英国医生，而创立"恐龙"这一名词的是英国古生物学家理查德·欧文。

最初的发现

1822 年，英国的吉迪昂·曼特尔医生的妻子在一些岩石中发现了一些类似动物牙齿的奇怪石头。曼特尔将这些化石送给当时的法国古生物学家居维叶鉴定。经鉴定居维叶认为牙齿是犀牛的，而骨骼是河马的，年代也不太久远。

第一个发现恐龙化石的人——曼特尔和他的妻子

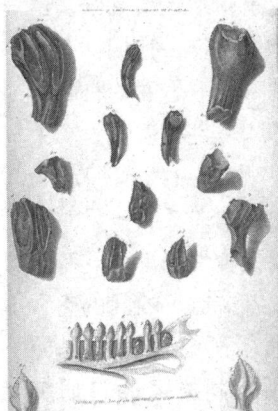

曼特尔于 1822 年发现的恐龙牙齿化石

曼特尔的研究

曼特尔对动物的牙齿十分熟悉，所以他并不认同居维叶的观点。于是，曼特尔收集了更多的化石进行研究，最终，他认为自己所发现的牙齿化石，属于一种古代已经绝灭的爬行动物。

note 知识小笔记

1884 年，理查德·欧文退休时被晋封为巴斯勋位爵士。他退休之后在伦敦大英博物馆任职，一直致力于将博物馆向普通群众开放。

欧文的发现

后来，这种动物化石又陆续被发现。1841 年，英国古生物学家理查德·欧文对当时已发现的 9 种大型古代爬行动物化石做了总结性的研究。他独具慧眼地发现这些哺乳动物不仅体型巨大，而且肢体和脚爪有些像大象一样的厚皮，与其他爬行动物的情形不同。

巨大的成就

理查德·欧文还是英国著名的动物学家。1846~1854 年，他相继发表了《英国化石哺乳动物和鸟类的历史》《英国化石爬行动物的历史》等书。1854 年，欧文还在伦敦的水晶宫里复制出第一批原大的恐龙模型，向广大群众普及古生物知识，引起人们强烈的兴趣。

生物学家理查德·欧文和他的恐龙化石

"恐龙"的诞生

发现这些化石的特点后，欧文决定给这种古生物取一个名字，以便与其他类似动物相区别。他把希腊字 deinos（恐怖的）和 Saurosc（蜥蜴）组合起来，于是"恐怖的蜥蜴"一词便随之诞生了。由于这类动物形状像蜥蜴，体型都很庞大，令人恐怖，我国古生物学家把它译成"恐龙"。

1853 年末，欧文等人将禽龙复原后，在这里举行了新年宴会。

恐龙家族揭秘

未解之谜——恐龙的起源

地球已经有 46 亿年的历史了，在这漫长的发展岁月里，不断地有新生物演化出来，也不断地有旧生物被淘汰出局。在所有的这些生物中，恐龙无疑是最令人关注的。而关于恐龙的起源也一直是一个未解之谜。

槽齿类动物

槽齿类动物诞生于古生代的二叠纪末期，到了中生代的三叠纪早期就灭绝了。由于它们的牙齿长在颌骨的齿槽里，所以得名槽齿类。早期，槽齿类动物多为一些小型的肉食动物，体长约 1 米，长着三角形的头，吻端尖而长，前肢短后肢长，身体结构轻巧。

note 知识小笔记

目前发现的最早的恐龙化石来自阿根廷安第斯山距今约 2.28 亿年前的三叠纪地层中。它们是"滥食龙"和"埃雷拉龙"。

二叠纪末期的槽齿类动物

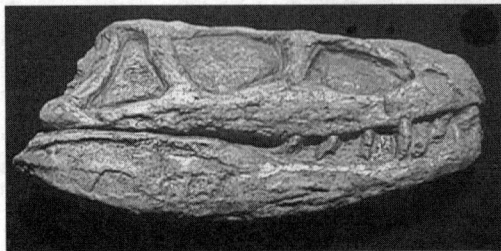
槽齿类动物的头骨化石

不断演化

槽齿类动物中较为活跃的一部分成为当时具有竞争力的动物群体，它们在不断进化过程中演化出了恐龙、翼龙以及鳄类等爬行动物，其中，鳄类的后裔至今还存活在地球上。

杨氏鳄

在槽齿类动物进化为恐龙这一观点之前，还有一种观点认为，恐龙及爬行动物的共同祖先是像蜥蜴一样的小型动物，名叫"杨氏鳄"，约30厘米长，走起路来摇摇晃晃，靠捕捉虫子为生。

杨氏鳄所属物种想象图

演化分支

杨氏鳄的后代明显分出两支，一支是继续吃虫子的真正的蜥蜴，另一支是半水生的早期类型的初龙，初龙与恐龙有较为可靠的亲缘关系。

初龙复原图

恐龙的出现

早期的初龙类动物身体条件尚不完善，不太适应陆地生活，大部分时间还是生活在水中。随着身体结构更加完善，真正的恐龙便出现了。这类新的、富有生气的动物在陆地上向似哺乳类爬行动物发起了进攻。

初龙的牙齿已经开始进化

恐龙家族揭秘

惊天巨变——恐龙的进化

恐龙从诞生以来，就一直在不断进化，以适应各种自然环境的变化。科学家研究发现，全部恐龙的类群，在进化上都伴有体型增大的趋势。整个中生代的恐龙进化是一个相互竞争、相互依存、优胜劣汰的过程。

骨质保护层退化 >>>

目前已知的最早的恐龙，除了滥食龙和埃雷拉龙以外，还有一种叫鸟鳄龙的恐龙。它是大型肉食恐龙的祖先，它的子孙在起初的进化上除了体型增大外，还渐渐出现了类似蜥蜴的坚硬鳞片，以取代骨质保护层。

啮齿龙的脑容量是恐龙中最大的，它们是白垩纪晚期最聪明的恐龙。

埃雷拉龙复原图

爪子的变化 >>>

一些小型的肉食恐龙往往具有更强的攻击性，它们牙齿尖利，尾巴细长，后肢长且纤细，前肢上生着灵巧的爪子，可以稳稳地抓捕猎物。在漫长的进化过程中，小型肉食恐龙一直保持着较长的爪子，而大型肉食恐龙的长爪子随同前肢的减小而逐渐变短。

蜥脚类恐龙 ▶▶▶

派克鳄是槽齿类动物中最著名的代表，蜥脚类恐龙就是从派克鳄的祖先演化而来。最早的恐龙都是肉食恐龙，而素食恐龙的出现可能是因为它们的祖先在吃别的动物的时候还吃一些植物来弥补食物不足，由杂食转变为纯粹的素食恐龙。

知识小笔记 note

科学家研究发现，恐龙实际上包括两类很不相同的古代爬行动物，这两类恐龙的亲缘关系，甚至还不如蜥蜴和蛇亲密。

派克鳄复原图

恐龙演化的高峰期 ▶▶▶▶

侏罗纪成了恐龙演化的高峰期，多数恐龙都有巨型化的发展趋势，尤其以蜥脚类恐龙的发展最具特色。它们由三叠纪两足或四足行走的恐龙演化而来，又为了承受不断增加的体重而被迫回归到四足行走。随着时间的推移，它们的体型更加巨大，直到最后成为地球上体型庞大的爬行动物。

侏罗纪是恐龙发展的巅峰时期

恐龙家族揭秘

温馨的家——恐龙的栖息地

中生代的气候和环境为恐龙营造了良好的生活环境，恐龙兴盛起来以后，就成了整个陆地上的霸主，占据着最为优越的生活环境。恐龙也是地球上出现过的最大的陆地爬行动物，陆地就是它们的家。

蜥脚类恐龙的家

蜥脚类恐龙的家园在辽阔的冲积平原上那些茂密的森林中，高大的乔木给它们提供着充足的食物。它们健壮的四肢足以撑起庞大的身躯，脚掌上厚厚的肉垫让它们完全可以适应坚实的地面。

note 知识小笔记

由于恐龙的栖息地往往具有非常繁盛的植被，所以在恐龙化石大量发现的地方有时会发现大量的石油、煤炭和天然气。

在高大乔木的庇护下，素食性恐龙自在地徜徉于森林中，这里不仅有充足的食物，还有足够的水。

平原上的家 ⟫⟫⟫

兽脚类恐龙也生活在冲积平原上，因为这里生活着数量庞大的素食恐龙，这些素食恐龙就是兽脚类恐龙最好的食物。而有些体型较小的兽脚类恐龙逐渐成为杂食恐龙。它们可以吃肉，也可以取植物为食。因此，它们喜欢栖息在相对安定的高地。由杂食慢慢转变为纯粹的素食恐龙。

藏身于丛林之中，不仅是素食恐龙躲避危险的方式，而且是肉食恐龙在捕猎过程中的一种手段。

鸭嘴龙复原图

沼泽地带的家 ⟫⟫⟫

鸟脚类恐龙也有很多生存在陆地上，它们中还有一些非常善于奔跑的种类。鸟脚类中的鸭嘴龙类是直到白垩纪才出现的优势种群，主要生活在沼泽地带。虽然它们善于在水中生活，但是多数时间都是在陆地上度过的。

水是所有动物生存的基本条件。恐龙也不例外，它们也像今天的动物一样常常生活在水源附近。

住在山坡上的恐龙 ⟫⟫⟫

山坡上也居住着一些恐龙家族的成员，剑龙就是其中之一。它们喜欢在山坡的丛林中漫步，在干旱的季节，它们又会迁徙到靠近河湖或者海岸的沼泽地带，以那里的蕨类植物或者灌木枝叶为食物。

恐龙家族揭秘

家族的繁衍——恐龙蛋

恐龙化石十分丰富，甚至南极和北极都发现过恐龙的踪迹。但是，和恐龙化石比起来，恐龙蛋化石却相当稀少。目前发现的最大恐龙蛋，估计刚刚产出时也就十几千克，如此巨大的爬行动物产下很小的蛋，可以说是一个很神奇的现象。

最早的发现

早在 19 世纪初，人们就在法国南部的白垩纪地层中发现了一枚恐龙蛋化石，但当时谁也说不准这是什么动物的蛋。直到 1922 年，人们才真正确定了这枚蛋的身份。从此，人们才知道恐龙是一种卵生动物，它们的幼仔都是从蛋里孵化出来的。

SEGNOSAURUS NEST

有慢龙蛋化石的巢穴遗迹

恐龙蛋的外形

科学家研究发现，恐龙蛋化石状的形状有圆形、椭圆形、长椭圆形和橄榄形等多种。恐龙蛋化石大小悬殊，小的与鸭蛋差不多，直径不足 10 厘米，而最大的直径超过 50 厘米。蛋壳的外表面光滑或具有点线饰纹。

蛋壳的厚度

如果恐龙蛋大小和恐龙体型成正比的话，那么蛋壳将会厚得让小恐龙无法孵化，所以，恐龙蛋壳有着合适的厚度，这样空气可以渗透进去，细菌则进不去，小恐龙就在这样的一个环境里不断生长，直到可以冲破蛋壳为止。

如何孵化

科学家认为侏罗纪的气温比较高，恐龙蛋只要被放在有树叶或土壤保温的地方就可以孵化出来，恐龙不必像鸟儿那样还要用自己的身体来孵化小恐龙。

一只破壳而出的小恐龙

震惊世界的发现

1993 年，科学家在我国河南省西峡县发现了大批恐龙蛋。在这以前，人类总共才发现了500 多枚恐龙蛋化石，而西峡出土的恐龙蛋多达 5000 多枚，没有出土的估计还有上万枚。一时间，世界都为之震惊。

珍贵的恐龙蛋化石

恐龙家族揭秘

家族的兴旺——恐龙的成长

影响恐龙成长的因素很多，如气候、食物等。在食物充足的情况下，一些恐龙的体型往往较大；而在食物不充足的情况下，恐龙的体型往往较小。因此，充足的食物是保证恐龙正常成长的必需条件之一。

蛋生动物

作为蛋生动物，恐龙的成长的确和龟鳖类以及鳄鱼有些相似的地方。恐龙胚胎在恐龙蛋中透过羊膜和蛋壳表面的气孔吸入氧气，排出二氧化碳，以恐龙蛋中的卵黄（就像是鸡蛋黄一样的物质）为养料成长。

note 知识小笔记

虽然科学家已经发现了很多的恐龙蛋化石，但是目前为止还没有人可以准确判断出恐龙蛋到底要孵化多久才能有小恐龙出世。

小恐龙在恐龙蛋内逐渐成长起来，当它长到足够强壮的时候就必须努力顶开蛋壳，否则便会闷死在狭小的恐龙蛋里。

恐龙蛋是恐龙幼崽成长的地方，同时也是它们的坟墓。如果没有足够的能力顶开蛋壳，它们就失去了来到中生代的机会。

慈祥的母亲

人类经过考察，发现一些恐龙有孵蛋的习惯，一种鸭嘴龙类的恐龙还经常像鸟类一样给自己的幼崽喂食，像慈祥的母亲一样照料柔弱的小恐龙，所以科学家叫它慈母龙。当小恐龙成长到有独立行动能力的时候，它们还是习惯于跟随母亲一同散步和捕食。

恐龙托儿所

科学家在我国辽宁省境内发现一处奇异的恐龙化石群，其中清楚地显示，在一只成年的"鹦鹉嘴龙"身边共有34只未成年的恐龙幼崽依偎在周围。根据科学家推断，这里很有可能是一个恐龙的托儿所，就像今天的企鹅等动物一样，由群体里的几只成年恐龙负责照顾幼年恐龙，其他恐龙负责捕食。

外貌的变化

很多恐龙刚出生的样子和成年恐龙都有很大的差距，年幼的霸王龙就像是一只身材庞大的小鸡，甚至有人认为它们刚孵化出来的时候浑身布满绒毛；也有些恐龙的幼崽在很短的时间里就可以发育成与成年恐龙相仿的体貌特征，比如三角龙。

三角龙很注意看管自己的巢穴，随时准备驱赶那些"非法入侵者"。

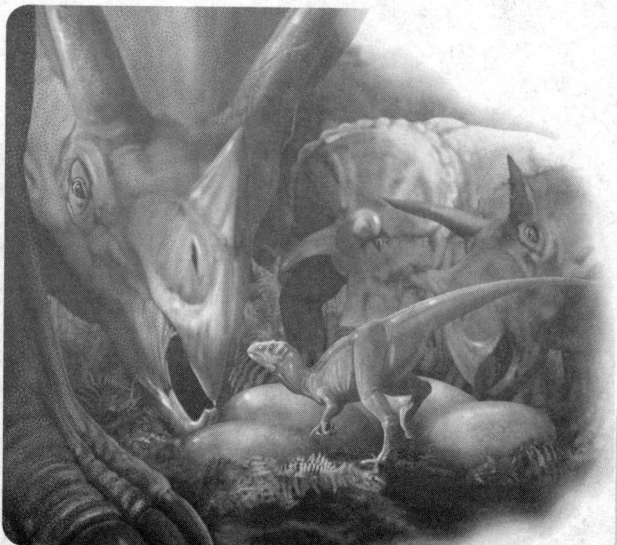

恐龙家族揭秘

功能多样——长长的脖子

在 绘画和影视作品里，我们常常可以看到这样一类恐龙，它们的脖子特别长，几乎可以占到身体的一半。科学家研究发现，这个长长的脖子里有很多重要的组织，比如呼吸的气管和向大脑供血的血管等，而且长脖子也是这类恐龙生存下来的重要保证。

弯曲的脖子

考古学家们发现，几乎每一种动物都会尽量保持脖子垂直，并呈现 S 形曲线。单独分析恐龙骨骼也发现，它们的脖子应该是与地平线垂直的。蜥脚类恐龙的头应该是高高扬起的，它们的脖子则像天鹅的脖子一样，是弯曲的。

note 知识小笔记

长长的脖子使恐龙能吃到大树顶端的叶片，这种觅食本领完全靠它们强壮、轻巧、柔软又可弯曲的颈部，才可能办得到。

关于恐龙的长脖子又有一个假说：这些巨兽的主要生活环境是在水里，长脖子的作用正是为了呼吸。

❧ 特殊的身体特点 ⟫⟫⟫

对于恐龙垂直脖子行走的观点，有些科学家提出异议，如果蜥脚类恐龙昂头行走，那么它需要有一颗两吨重的心脏，才能保证血液输送到其头部，可这根本不可能。而另一些科学家则认为，蜥脚类恐龙可能有与长颈鹿类似的身体特点，只是我们不知道而已。

侏罗纪的素食恐龙叉龙

❧ 平衡器 ⟫⟫⟫

科学家推测，一些恐龙在奔跑时，脖子会和身体一起运动，不至于在奔跑时忽然摔倒。所以，长长的脖子还是很好的平衡器。

❧ 最长的脖子 ⟫⟫⟫

2007 年，巴西和阿根廷科学家历时 7 年，在阿根廷挖掘出一具素食恐龙的巨型骨架化石，这是迄今为止发现的最大恐龙。科学家们说，它可能属于一种未知的恐龙种类。这只恐龙的颈部长达 17 米，可能生活在距今约 8800 万年前的白垩纪晚期。

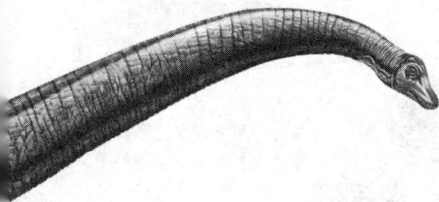

恐龙家族揭秘

特别的武器——恐龙的犄角

在今天的地球上生活着一类奇特的动物，它们的头上都长有犄角，比如鹿、角马和野牛，这些角是它们重要的防身武器。恐龙家族中也有这类成员，它们都被归入角龙类。它们的形象也常常被人类搬上银屏，成为出色的电影明星。

古老的角龙

早在 1.3 亿年前，角龙就出现在地球上了，不过这时候角龙的犄角还不是很明显。随着时间的推移，角龙的头颅间和鼻子上逐渐演化出了尖角。它们和现在的犀牛很像：体型粗壮，以四肢行走，而且都是素食动物。

note 知识小笔记

角龙的化石往往成群地被发现，可见它们生前有群体生活的习性，可能也会成群结队地对抗肉食性恐龙。

三角龙的头部几乎占了身长的 1/3，它的面骨就像一个盾牌，在这个坚固的面骨上长着三个坚硬的角，这是角龙类恐龙中最特别的犄角。

三个奇特的犄角

粗壮的角 》》》

　　角龙的角粗壮而有力，它的角和一个成年人的胳膊一样粗，由坚韧的角质组成，非常坚固，即使成了化石，角龙的角看起来都非常锋利。

角龙之王 》》》

　　在演化过程中，角龙类恐龙的犄角有越来越突出的趋势，其中以三角龙最为明显，因此它被称为角龙之王。三角龙是活到最后大灾难到来的恐龙之一，在地球上大约存在了 300 万年，最后在物种大灭绝中消失。

正和肉食恐龙对峙的角龙

防御的武器 》》》

　　三角龙三个犄角中的两个长在额头，就像野牛的角一样，另外一个短角长在鼻梁上，就像犀牛一样。三角龙被激怒时，会像犀牛一样撞向敌人，用自己坚硬的尖角来袭击敌人。

恐龙家族揭秘

生存法宝——恐龙的爪子

恐龙锋利的爪子和指甲同牙齿一样，也是不容易腐烂的部分，它们保存完好，久而久之就变成了化石。恐龙爪子的化石告诉我们恐龙生活的方式。恐爪龙是恐龙时代最厉害的爪子杀手，它跑起来快如疾风，攻击时凶猛无比。

巨大的爪子

大个子的恐龙自然也有巨大的爪子，有些恐龙的脚掌差不多和一个成年人一样大，这样大的脚使恐龙能够稳稳地奔跑和站立。

note 知识小笔记

1965年，在戈壁沙漠中，人们发掘出一种恐龙化石，仅挖掘出来的前臂与前指部分的骨骼伸长可达到3米，每一只爪子长达20~30厘米。

锋利的爪子和牙齿是肉食恐龙生存的基本保证

猎杀的利器

猎杀其他动物的恐龙，通常具有鹰爪般窄小而尖锐的弯爪。它们的爪子可以像刀子般牢牢叉住猎物，让猎物无法逃脱。同时，爪子也是抓伤或杀死猎物的利器。

尖锐的前爪

　　许多肉食恐龙都有一对有力的前爪，当它们捕食猎物的时候，就可以用自己的爪子来抓住猎物，不过，它们的爪子远没有猴子的爪子灵活。

和恐龙的爪子比起来，猴子的爪子灵活得多。

多用途的爪子

　　因为不需要猎杀动物，素食恐龙的爪子不是非常锐利。它们的爪子比较宽平、粗糙强韧，具有多种不同用途，如行走、刮取或挖掘食物。有时，素食恐龙如蹄般的爪子可以作为防卫武器，用来挥打攻击它们的肉食恐龙。

素食恐龙往往拥有庞大的身躯，因此它们的脚印化石很大。

爪子杀手

　　恐爪龙是一种可怕的动物。它的后肢第二趾的趾端有镰刀般的巨大爪子，而且长长的前肢还各有三个带爪子的指头。在进攻的时候，恐爪龙双腿腾跳，就像挥舞着两把锋利的镰刀，所向无敌，其长长的尾巴还可以帮助它保持身体平衡。

恐龙家族揭秘

形形色色——恐龙的牙齿

在动物界里，各种各样的动物拥有形状不同、功能各异的牙齿。总的来说，肉食动物的牙齿相对尖利一些，而素食动物的牙齿就相对平整，像磨盘一般。恐龙也具有这样的特性，我们可以通过恐龙化石上的牙齿来判断恐龙的食性。

牙齿的分类

恐龙的牙齿可以分为四种基本形态：匕首状齿、勺状齿、棒状齿和叶状齿。其中，匕首状的牙齿适合撕碎猎物，并把大块肌肉撕成碎片吞下；其余形状的牙齿都比较圆钝或者细小，只适合于切割或者磨碎植物。

素食恐龙牙齿

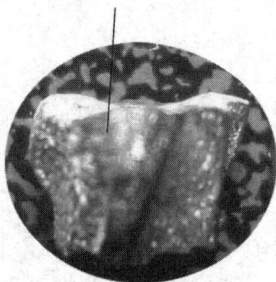

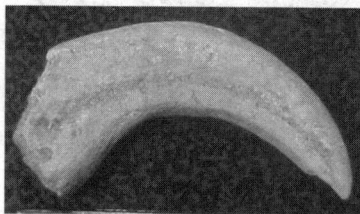

不同的恐龙牙齿

同型齿

所有嗜杀成性的大型肉食恐龙都长有非常厉害的牙齿。这些牙齿的形状全都一个样，只是大小略有不同，科学家称它为"同型齿"。吃植物的恐龙也长着同型齿，但不像肉食恐龙那么尖锐锋利，它们往往都是粗略地咀嚼以后便将树叶吞咽下去，然后通过胃石来磨碎食物。

凶猛的霸王龙

霸王龙

霸王龙的大嘴巴里参差不齐地长着很多巨大的、匕首般的尖牙利齿。牙齿微向后弯，边上呈锯齿状，最大的足有 20 厘米长。霸王龙的牙齿清楚地表明，它是一只凶猛的肉食恐龙。它吃起肉来不嚼，而是将大块的生肉整个吞下。

恐龙等爬行动物的牙齿生长，总是不断更新，老牙磨光了，新牙就来接班，一生要换好几次牙。

恐龙家族揭秘

奇怪的化石——胃石和粪化石

科学家在发现恐龙骨架化石的地方偶尔会发现一种圆圆的卵石。在侏罗纪和白垩纪的各类恐龙骨架内，也发现了这种磨光的石头，这就是胃石，是蜥脚类恐龙消化食物用的。而粪化石是恐龙粪便形成的化石，它们都是科学家研究恐龙的珍贵资料。

"秘密武器"

有些恐龙没有牙齿，或者它们的牙齿比较钝，必须靠胃石来消化食物。于是，它们就会吞下石块放在胃内，通过胃部肌肉的运动，使这些石块互相摩擦，把食物碾碎成黏稠的糨糊状。有了胃石这个"秘密武器"，恐龙就不怕每天吞下成吨食物无法消化了。

note 知识小笔记

如果想鉴定粪化石是否为恐龙的粪便，最理想的就是看粪化石是否与恐龙骨骼一起发现，或者找到的粪化石非常大，因为只有恐龙才能排出那么巨大的粪块。

恐龙的胃石

选择胃石

许多鸟在寻找胃石时宁愿舍近求远，去寻找硬的石头。恐龙选择胃石时，可能也很挑剔。已发现的一些恐龙的胃石原料大多出自恐龙死亡地点几千米以外的地方。如南非发现的生活在侏罗纪长约4米的蜥脚类大脊椎龙的胃石至少是从20千米以外寻觅来的。

素食恐龙的胃石

胃石普遍存在于素食恐龙的胃中。如人们在北美洲发现的重龙（生活在侏罗纪晚期的蜥脚类恐龙，长约 20 米）肋骨处发现有 64 颗光滑的胃石。在蜥脚类和鹦鹉嘴龙的腹腔内，也都发现过胃石。

胃石可以帮助素食恐龙消化胃里的食物。左图为考古学家发现的恐龙化石以及胃石。

珍贵的粪化石

粪化石也是一种重要的恐龙遗物，由于粪便在一般情况下不容易形成化石，所以我们能发现的粪化石非常稀少。粪化石对研究古动物非常有意义。粪的形状与大小，直接与动物消化道末端的结构有关，也可能与动物的食性有关，还可间接地反映该动物的生存环境。

粪化石也是一种重要的恐龙遗物，但我们能发现的粪化石却非常稀少。

肉食恐龙的粪化石

在印度某地白垩纪的地层中曾发现过 29 厘米长的粪化石，被认定是恐龙的。已经发现的恐龙粪化石大多为肉食恐龙的。这可能是由于它们的粪便表面富含磷酸盐，容易形成化石，而素食恐龙的粪便中则缺少这类物质。

肤色大猜想——恐龙的皮肤

恐龙的皮肤和许多软组织一样很难保存为化石。从发现的少数皮肤印膜化石来看，大部分恐龙具有与现在爬行动物相似的皮肤：粗糙坚韧的鳞甲或角质突起。许多学者还认为恐龙是色彩斑斓的动物，并具有伪装色。

岩石里的印痕

如果恐龙的皮肤在尚未腐烂前很快被埋住，皮肤表面的印痕就会留在岩石里。这些印痕显示，很多恐龙的皮肤上覆盖有鳞片。这些鳞片是细小的角质块状物，互相紧挤在一起，形成拼图似的图案。

各种各样的皮肤

霸王龙类的肉食恐龙皮肤很粗糙，上面长有一排排高出表面的大鳞片。梁龙、雷龙、马门溪龙等蜥脚类恐龙的皮肤与蜥蜴近似，有颗粒状的鳞片，但比霸王龙平坦。角龙的皮肤有成排的、大而呈纽扣状的小瘤。

马门溪龙

色彩斑斓的动物

尽管恐龙皮肤的纹理和质感还有些证据可寻，它的颜色则纯粹是猜测了。有些恐龙以颜色互相辨认；有些恐龙把颜色作为炫耀自己的"本钱"，特别在配偶面前，更是不遗余力地显示自己漂亮的色彩。

鸭嘴龙是著名的恐龙之一

发现皮肤化石

1985 年，在我国四川省自贡市发现了一具剑龙骨架。当时，科技人员在骨架的肩部发现了一对巨大的逗号状的骨棘，称为"肩棘"。1989 年冬天，科技人员在修整这具剑龙骨架左边的肩棘时，意外地发现了恐龙皮肤化石。

这是剑龙皮肤化石，可以看出它的表面有六角形的角质鳞。

恐龙皮肤的功能

除了保护身体内部柔软的组织以外，科学家猜测恐龙的皮肤还具有其他功能，比如阻止水分蒸发和调节身体内的温度，为恐龙的正常活动提供保障。

恐龙家族揭秘

另类"武器"——腿和尾巴

人们根据恐龙腰部骨骼结构的差别，将恐龙分为蜥臀类和鸟臀类。鸟臀类的恐龙大多以双腿行走，而蜥臀类的恐龙则保持着以四条腿走路的方式。恐龙尾巴的形状也很不同，大小各异，都是为适应特定需求而进化出来的。

化石告诉我们的秘密

有一些恐龙只发现了腿骨的一部分，但是根据这些，科学家可以画出一个推测图，因为不同恐龙的腿骨都有各自的特点，并不一样，所以，一个有经验的古生物学家可以从化石上看出许多恐龙的秘密。

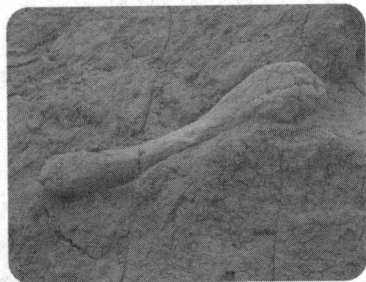

恐龙的腿骨化石

两条腿的恐龙

遗留下来的恐龙化石告诉我们，两条腿的恐龙的行走方式和我们人类差不多，都是两只脚交替向前迈进的，而不是像袋鼠那样向前跳跃。

许多恐龙都善于游泳。在水中时，它们用四只脚来划水。

形状各异的尾巴 >>>

恐龙除大部分是鞭状尾巴外，还有很多特殊形态的尾巴，像尾巴的末端有锤状、刺状的形态。马门溪龙和峨眉龙等大型蜥脚类恐龙是锤状尾、剑龙是刺状尾。发掘于我国境内的蜀龙尾巴上长着4只尖钉和一根棍棒。

蜀龙的尾巴很特别

note 知识小笔记

一些个头较小、跑得比较快的恐龙尾巴刚硬，可以在奔跑时向后平伸，用来保持身体的平衡。

尾巴武器 >>>

甲龙的尾巴是棍棒形的，而且尾端有一个实心骨球。在遇到肉食恐龙时，这些尾巴上的武器也能够派上用场。梁龙的尾巴有9米长，是朝着尾端渐渐细下去的，可以像鞭子一样甩向伺机进犯的肉食恐龙。

甲龙尾巴上的实心骨球是甲龙最得力的武器

恐龙家族揭秘

神秘莫测——身体内部

身躯庞大的恐龙要维持正常的生理运转，就要有完整的内脏，比如心脏、胃、大脑等，但是这些内脏很难变成化石保存下来。为了支撑高大的身体，恐龙的内脏必须足够强大，因此，古生物学家猜测恐龙的内脏具有许多奇特的性质。

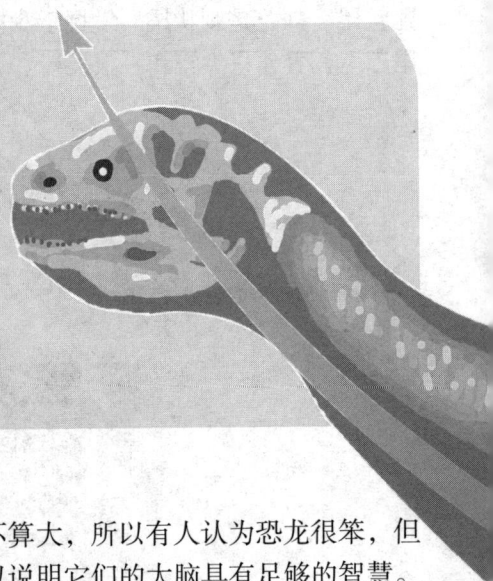

恐龙的大脑

和自己庞大的身体相比，恐龙的大脑并不算大，所以有人认为恐龙很笨，但是恐龙能够统治地球长达1亿多年的事实足以说明它们的大脑具有足够的智慧。有的恐龙还长有两个脑子，比如剑龙和大型的蜥脚类恐龙。前后两个脑子分工合作，互相帮助。

剑龙有大象那么大，而头却小得可怜。它的脑子只有一个核桃那么大，重约100克，无法完成指挥全身的重任

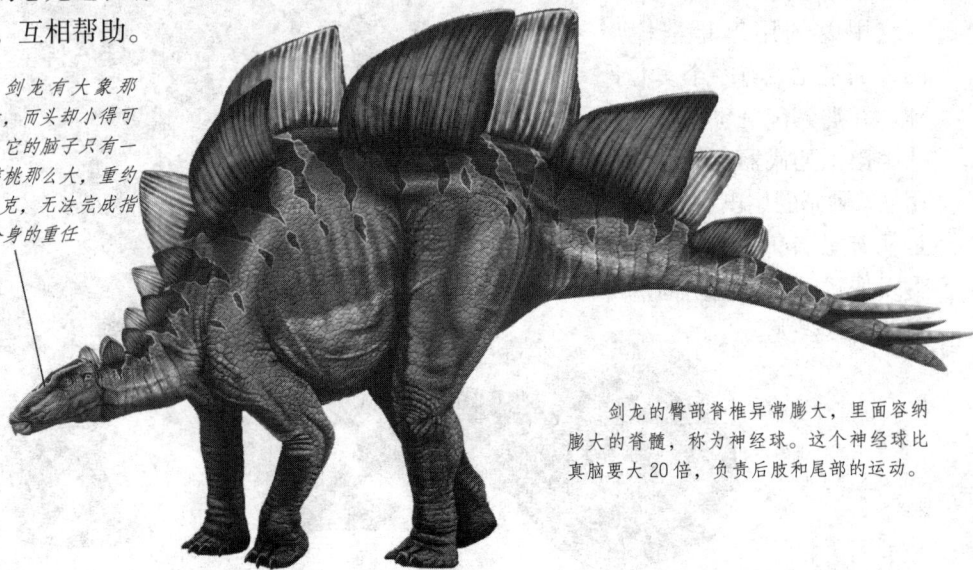

剑龙的臀部脊椎异常膨大，里面容纳膨大的脊髓，称为神经球。这个神经球比真脑要大20倍，负责后肢和尾部的运动。

恐龙的心脏

大部分恐龙的身高有数米，它们需要一个强大的心脏来给自己的大脑输送血液。在美国南达科他州发现的恐龙心脏化石表明，恐龙的心脏与鸟类和哺乳动物的心脏相似，即心脏分为四个心腔，并与一根主动脉血管相连。

强大的生理机能

恐龙的心脏与爬行动物结构比较简单的心脏大不相同，显示出恐龙生前具有独立的体循环和肺循环，其血液循环的效率比较高，肺功能很强大，血管和神经系统也应该非常发达，因而才能维持正常的生理需要。

note 知识小笔记

2002年，在美国蒙大拿州出土了一具7 700万年前的恐龙干尸，其肌肤纹理、胃中残留物及其他一些内脏保存完好。科学家指出，可以由此对恐龙形态及生活方式有更多了解。

消化管道和胃

恐龙也有消化食物的身体器官，这些消化道是恐龙的肠子，它们肠子的功能和今天鳄鱼等爬行动物差不多。素食恐龙自己不咀嚼食物，而是靠胃里不断搅动的圆石头把食物磨碎，帮助消化。而那些肉食恐龙有功能齐全的胃，可以自己消化食物。

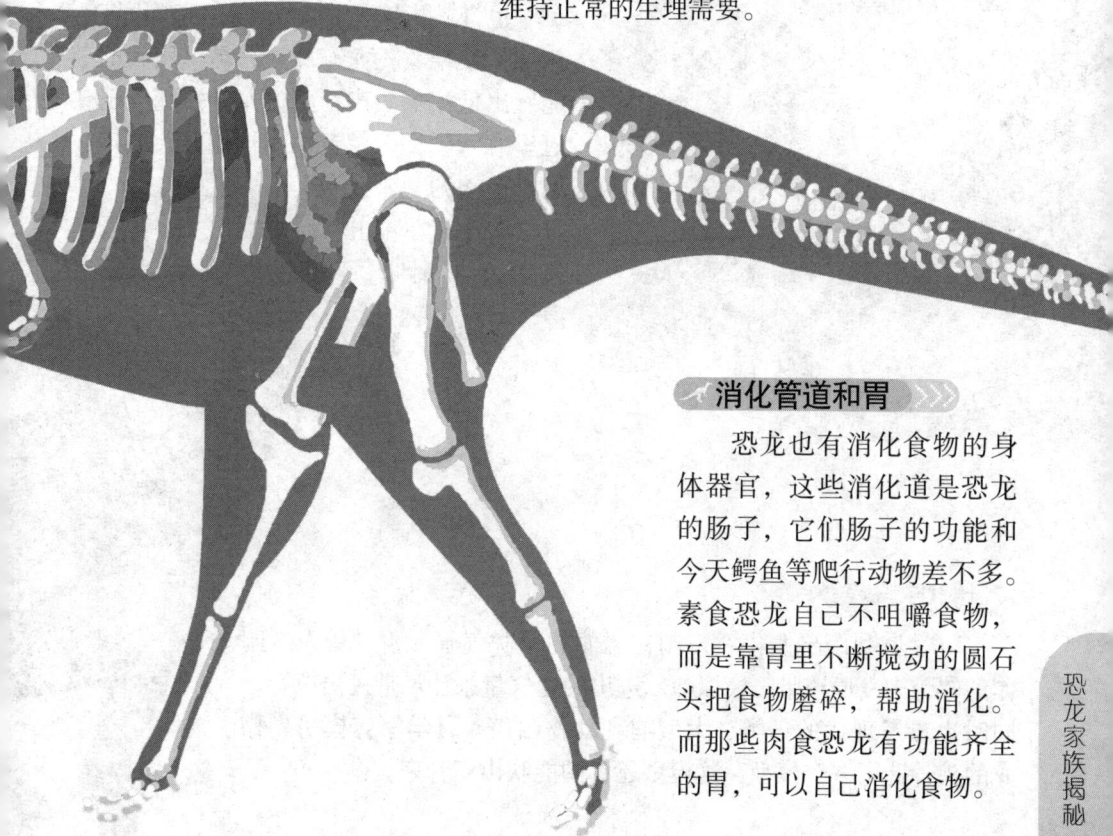

恐龙家族揭秘

变化多端——恐龙的声音

大部分科学家都认为恐龙能发出叫声，所以，电影、电视里人们就用现代仪器模拟了恐龙的叫声。如果恐龙真会叫，那它们的叫声有什么用呢？科学家们推测，恐龙会利用叫声联络、预警、威胁敌人等。

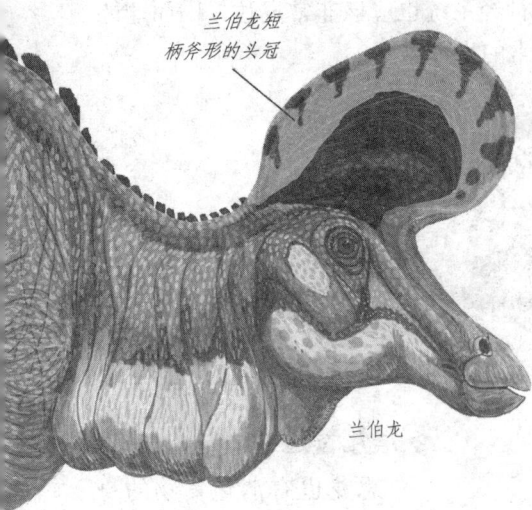

兰伯龙短柄斧形的头冠

兰伯龙

制造声音的能手

也许，很多恐龙都是制造声音的能手。比如，埃德蒙托龙有鼻囊，鼻囊胀大时就能发出低沉的叫声；兰伯龙的短柄斧形头冠里有管子，就像音箱一样能放大叫声；副栉龙头冠里有通气管，能让它在喘粗气时发出喇叭声。

副栉龙的头冠

模拟恐龙声音

科学家利用恐龙化石来制作恐龙的喉咙气管，再利用人工制作的软骨来复原声带，模拟肺部进出的通气量来让声带发出声音，同时也参考现代的鸟类、大型哺乳动物叫声。科学家曾模仿副栉龙的头骨造了一个模型，这模型还真的能吹出声音来。

各种各样的叫声 >>>

科学家们猜测，霸王龙也许能发出虎啸般的吼声，南美洲现生的宽吻鳄就能发出"如雷贯耳"的惊人鸣声。一些小型的兽脚类恐龙可能会发出像鸡、鸭、鹅、乌鸦那样的叫声。那些大个子的蜥脚类恐龙没有声带，可能是一些"哑巴"，顶多能像蛇那样发出"嘶嘶"声。

凶残的霸王龙的吼声一定令人毛骨悚然

鸭嘴龙的叫声 >>>

有人认为，头上长有棘突状饰物的鸭嘴龙，能发出一种类似西洋乐器那样的声音，因为在棘突中有弯曲的管道，能产生共鸣，发出声响。

鸭嘴龙或许能发出比较悦耳的声音

note 知识小笔记

一般来说，动物的嗓门大小取决于它的肺。恐龙的肺比较大，不过和现在的一些动物比起来，可能还算不上大嗓门。

警告的号叫 >>>

当一只恐龙遇到危险的时候，它会号叫，向其他同伴发出警告，告诉它们敌人来了，做好防御的准备，但是到今天，我们并不知道它们的警告声和其他声音有什么样的区别。

恐龙家族揭秘

食量惊人的大块头——素食恐龙

很多人以为恐龙全是可怕的肉食动物。其实，许多恐龙是温和的素食动物，只穿梭在树丛间，撕扯树梢的叶子吃。恐龙生活的时代，地球上气候温暖湿润，遍地都是茂密的森林，以植物为生的恐龙很容易得到自己的食物。

身体特点 >>>

素食恐龙大都四足行走，但也有两足行走的，比如鸟脚类的恐龙。素食恐龙的脑袋小，身体大，口裂小，牙齿呈勺状、棒状，或者叶片状，有的还有防御性的结构，但都不具有进攻性的武器，并且大多数素食恐龙长有长长的颈，以方便它们取食树梢的叶片。

庞大的巨兽 >>>

很多恐龙都是吃植物的，其中包括体型最大的蜥脚类恐龙以及所有的鸟臀类恐龙。这些恐龙大多体量巨大，一天能吃很多食物，比如腕龙，它一天就要吃掉一吨半的食物。还有大量的石头，而一只腕龙的身高有4层楼那么高，它的重量和十几头大象一样。

禽龙为素食恐龙中的一种

不同的吃法

因为植物是由纤维素和木质素构成的，所以这些坚韧物质吃起来非常麻烦，必须先被分解处理后，才能被胃消化。为了解决这个问题，素食恐龙演化出各种解决方法，鸭嘴龙类恐龙具有特殊的牙齿，可以先咬碎及研磨食物；角龙则用格外强壮的腭骨和利剪般的牙齿撕碎坚韧植物。

迷惑龙是蜥脚类恐龙中的一种素食恐龙

吞下食物

蜥脚类恐龙根本不咀嚼，直接把咬下的食物吞进肚里，让胃里的细菌来发酵食物或让它们故意吃下去的小石子来磨碎食物。

note 知识小笔记

在被子植物出现以后，一些恐龙开始以这些植物的种子为食。比如似鸸鹋龙，它们的食谱中就有植物种子，不过它们除了吃植物，也吃昆虫和其他小动物。

大多数素食恐龙都是大块头

不停地进食

根据恐龙的饮食习惯，科学家认为素食恐龙几乎除了睡觉外一直都在进食。一些科学家甚至认为素食恐龙像牛一样可以储存食物，在胃里进行反刍。科学家推测，马门溪龙一天要用近 20 小时的时间来进食。

恐龙家族揭秘

凶残的掠食者——肉食恐龙

肉食恐龙总给人们留下凶狠、残忍的印象。它们不只吃恐龙，任何能动的东西，如昆虫和鸟类，都是它们的捕猎对象。从化石中我们可以看出，肉食恐龙通常具有大的头部、短而有力的颈，以便把猎物的肉撕扯下来吃。

身体特点 >>>

肉食性恐龙都属于兽脚类，它们两足行走，善于奔跑；前肢的指端长有锐利的爪子，可以帮助捕食；头占身体的比例较大，有一张血盆大口；腭骨上整排巨大弯曲的利齿，看起来就像牛排刀边缘的锯齿一样。

侏罗纪肉食恐龙——双冠龙

虚骨龙 >>>

虚骨龙也是一种肉食性恐龙。它们体态轻盈、行动敏捷，有一对便于抓取的前臂和前爪以及长又窄的腭骨。它们奔跑的速度很快，以追捕小型哺乳动物和昆虫为食。此外，虚骨龙也常会在大型肉食性恐龙吃饱后，捡剩下的残渣碎屑吃。

note 知识小笔记

肉食恐龙主要以其他恐龙为食，有时也吃动物尸体。它们可能是先用有利爪的后肢捕杀猎物，然后再借助利牙和前肢利爪的帮助，把猎物的肉撕扯下来吃。

寻找猎物

和素食恐龙相比，肉食恐龙就需要花费一些气力才能得到吃的，因为它们的食物是那些会移动的动物，肉食恐龙每时每刻都在为自己的下一顿饭忙碌。

可怕的杀手

霸王龙的眼睛很大，并且位置很靠前，它们可能和猛禽一样，直视前方。它们不仅能够追踪猎物，而且还有距离感，能够精确地判断猎物的远近。由于具有发达的大脑和锋利的牙齿，霸王龙一直被公认为是最可怕的杀手。

霸王龙是最著名的肉食恐龙

巨齿龙生活于侏罗纪时期

巨齿龙

巨齿龙体长比两头犀牛还要长，是一个成年人高度的两倍。它的大嘴里长满大而尖的牙齿，每一颗牙齿的大小相当于当时小哺乳动物的整个颌部。除去可怕的大嘴外，它的前肢和后肢上还有长长的爪子，这些爪子会撕开猎物坚韧的皮。

恐龙家族揭秘

快慢不——恐龙的速度

作为地球上曾经生存过的最大的爬行动物，恐龙总给人们留下行动缓慢的印象。其实，有些恐龙体型构造很适合快速奔跑，以逃避攻击者或追捕猎物。不过，与现代动物大多用四肢奔跑不同的是，恐龙多用后肢奔跑。

似驼龙跑得很快，每小时可达 50 千米。

身体特点 >>>

善跑的恐龙体型都很相似：长长的后肢，可以加大步伐；而细长的腿和窄窄的脚，则能够让它们跑得更快、更有效率；身体其他部分通常很轻、也很短；至于细长的尾巴，则是平衡杆。此外，它们的前肢细小，小小的头部位于细长脖子的顶端。

不同的速度 >>>

庞大的蜥脚类恐龙四足行走，速度较慢，每小时不超过 6.5 千米。四足行走的剑龙和甲龙走路稍快，每小时 6~8 千米。两足行走的鸭嘴龙每小时能走 18.5 千米。

四足行走的角龙是跑得最快的素食恐龙，面对危险时，它能以 32~48 千米的时速冲刺。

恐龙中的"飞毛腿"

肉食恐龙大都是短跑高手，时速可达 40 千米。两足行走的虚骨龙类身轻腿长，是恐龙中的"飞毛腿"，时速能达 80 千米。

虚骨龙类中的跑龙类，也是让人特别感兴趣的类群，它的代表就是恐爪龙。

知识小笔记

猎豹是目前动物界的短跑冠军。科学家们在野外反复观察和测算，发现猎豹在追击它最爱吃的羚羊的时候，时速可达 113 千米。

如何计算速度

据英国媒体报道，科学家选取了 5 种肉食恐龙作为研究对象，通过在超级计算机上输入恐龙的骨骼结构和肌肉组织的数据，建立它们的运动模型，并推算出它们的奔跑速度。

河边是最好的伏击场所，一只霸王龙正在悄悄靠近猎物。它似乎对自己的速度很有信心，因为在它看来，两条腿总比四条腿跑得快。

出乎意料的结果

研究结果出乎科学家的意料，体重仅 3 千克的最小恐龙"美颌龙"运动时速可达 64 千米，比现在的鸵鸟还要快，鸵鸟的运动时速为 56 千米。此外，曾在电影《侏罗纪公园》中出现过的迅猛龙的时速为 38.6 千米，即便是笨重的霸王龙的时速也有 29 千米。

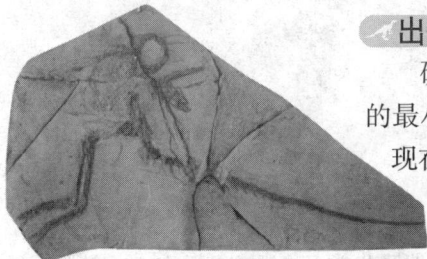

在法国发现的美颌龙化石

恐龙家族揭秘

生存的需要——恐龙的迁徙

迁徙是指动物在自然条件发生变化，或者为满足自己生殖发育的需要，时而变化栖居地的习性。科学家经过研究证明，恐龙像很多当今的动物一样，会随着季节的交替或者根据生存繁衍的需要进行群体性的大范围迁徙。

恐龙公园的发现 >>>

自 1977 年以来，在加拿大艾伯塔恐龙公园内，人们发现了大量距今 7500 万年前的恐龙化石，已清理统计出 35 种大约生活在同一时期的恐龙。这么多种类的恐龙共同生活在一起，并且相安无事，令人费解。

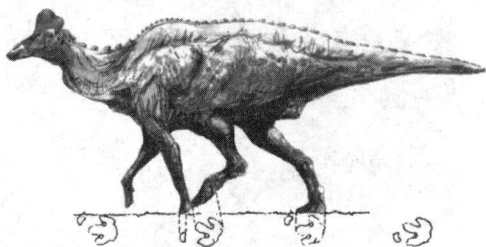

盔龙复原图

兰伯龙复原图

科学家的猜测 >>>

在恐龙公园内，两种形态结构和生活习性都非常相似的鸭嘴龙——兰伯龙和盔龙不可能同时生活在一起。因此科学家们认为，这些恐龙曾经有过迁徙活动。

恐龙蛋证据 >>>

在美国蒙大拿州，科学家发现了大量的恐龙巢穴，像是恐龙的孵化基地，整窝的恐龙蛋完整而整齐地遗留了下来。科学家估计，恐龙会在雨水充足之时聚集在这里，但是到了旱季它们会重新集结起来，向其他地方迁徙，以寻找充足的食物。

note 知识小笔记

在澳洲大陆和南极大陆上发现的几种恐龙化石，表现出与欧洲、北美的一些种类有密切关系，这也说明这些大陆曾经是连在一起的，发生过恐龙的迁徙和扩散，这些大陆在以后才慢慢分开。

大陆之间的迁徙 >>>

根据考证，北极在白垩纪的部分时间里是美洲和亚洲之间的一个连接点，两大洲的恐龙可通过这个洲际狭窄而极长的大陆桥来实现自己的迁徙。而大量的化石证据都证实了这个推测。例如，鸭嘴龙和角龙类恐龙就主要分布在北美和东亚，说明这两个地区的恐龙群在白垩纪晚期有着非常密切的关系。

恐龙并不在一个地方永久生活，而是随着季节的变换而迁徙。下面是冠龙们迁徙时的场景。

恐龙家族揭秘

生存危机——生病的恐龙

古生物学家们发现，他们所研究的恐龙骨骼化石上，常有疾病和外伤的痕迹，这证明恐龙在世时，也常常生病。不过，恐龙的病，只有内科病才能留下化石"病历"。为恐龙检查身体，除古生物学家以外，还得靠现代医学的帮助。

被病魔折磨的马门溪龙

在成都理工学院博物馆的大厅里，陈列着一具巨大的蜥脚类恐龙化石骨架，它就是出土于我国四川省的合川马门溪龙。专家发现，在这条庞然大物的颈椎、脊椎和尾椎等不同部位的骨头上，长了很多瘤状物和结核。可见它生前曾为骨科病痛所折磨，活得很不轻松。

马门溪龙也是比较著名的恐龙

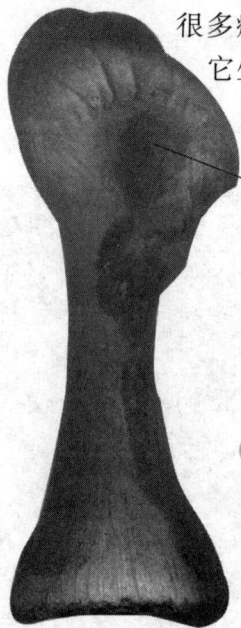

鸭嘴龙肱骨化石

知识小笔记

科学家通过对沧龙的脊椎骨切片检查可知，因为它们深海潜水，所以还有减压综合征。

医生的判断

美国一位医生曾经发现在一块长 30 厘米的恐龙肱骨化石的一端，长有一块和我们拳头般大小的菜花状的骨质增生物，这种异常增生可能是软骨肉瘤。

博物馆的发现

陈列在美国自然历史博物馆中的鸭嘴龙化石骨架上，左肱骨曾因骨折而引起过骨膜炎，而且有骨质增生现象。在该馆雷龙的尾椎骨上，能看到它生前患过化脓性骨髓炎的痕迹。

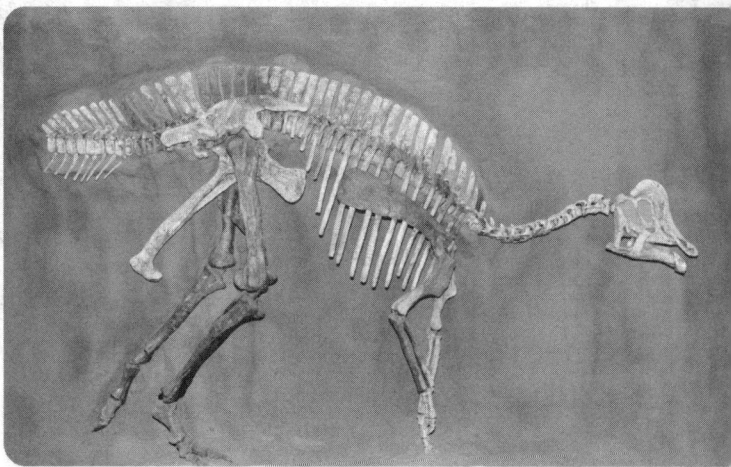
断了肋骨的鸭嘴龙骨架化石

格斗的代价

陈列在加拿大博物馆中的鸭嘴龙骨骼，有不少肋骨曾受到损伤。这种情况相当普遍，因此估计这种损伤不太可能是偶然事件造成的。这些肋骨伤可能是雄性鸭嘴龙之间格斗留下的标记。

鲨口余生

许多恐龙的骨骼化石告诉我们，它们可能患过关节炎。一些专家对恐龙的亲戚——沧龙的病情也进行了诊断，发现有的沧龙脊椎有过炎症。得炎症的那个沧龙的脊椎骨，在切片检查时发现了一枚鲨鱼的牙齿，可见它当时从鲨鱼嘴里逃生，并因此得了炎症。

沧龙生活在海洋的表层，捕食鱼类和各种菊石与海龟。

恐龙家族揭秘

长短不一——恐龙的寿命

因为没有证据表明恐龙是在颐养天年后自己慢慢老死的，所以，没有人知道恐龙的寿命到底有多长。一些科学家在研究了恐龙骨骼的生长环境后发现，如果排除非正常死亡的因素，许多种类的恐龙应该能活到 100~200 岁，它们或许是除龟以外，寿命最长的动物。

化石上的年轮 >>>

一些恐龙化石上还有一些年龄的标志，就像树木的年轮一样，这样科学家就可以估算这些恐龙的寿命。科学家普遍认为蜥脚类恐龙寿命较长，而一些肉食类恐龙往往寿命比较短。比如宽龙的寿命在 30~70 岁之间，和人类寿命很接近。

最长寿的恐龙 >>>

一些人认为恐龙界的长寿冠军应该是腕龙，因为腕龙被推测可以活长达 300 年的时间，即使现在，这也是非常长的寿命了。

长寿的冷血恐龙 >>>

冷血的恐龙有着更长的寿命，这是因为当气温变冷的时候，它们的新陈代谢速度就会变得很慢，因此寿命也会变长。据估计，这些恐龙寿命有上百年。龟就是冷血动物，它的寿命远超过了其他动物，可以生存上百年。

科学家认为温血恐龙的羽毛最初不是为了飞行，而是为了保持体温。

短命的温血恐龙 >>>

温血恐龙的新陈代谢很稳定，受环境影响较小，但是它的寿命也就更短。据估计，一只温血恐龙的寿命大约是70年，只有冷血恐龙寿命的一半。

note 知识小笔记

新陈代谢是影响动物生长快慢的一个重要因素。平均说来，热血的脊椎动物的生长速度至少要比冷血动物快 10 倍。

霸王龙的寿命 >>>

科学家研究发现，幼小霸王龙对疾病的抵抗力差，加上天敌的原因，死亡率很高。但是只要过了两岁大关，大约 70% 的霸王龙会活到 13~16 岁的性成熟期，然而，到了这个阶段，死亡率又增至每年 23%。霸王龙一般可以活到 30 岁。

电影中常常出现的恐龙明星——霸王龙

恐龙家族揭秘

形式多样——恐龙的"语言"

人有人言，兽有兽语。兽语就是动物用来交流的方式之一，除了用各种鸣叫来交流，在自然界还存在着很多交流方式。蚂蚁通过触角的相互碰撞来交流信息；蜜蜂通过独特的舞姿来传递信息；恐龙这种远古的生物又是靠什么来交流的呢？

视觉交流

视觉交流是恐龙信息交流的一个重要方面。每当交配季节，恐龙会像今天的许多鸟类和爬行类那样，雄性身上会出现鲜艳夺目的颜色来吸引异性的注意。有些雄性恐龙，如肿头龙、角龙会通过以头相撞来取得与雌性交配的资格。

很多恐龙依靠视觉来判断同伴身上的颜色，以达到交流目的。

"声音语言"

恐龙与其他陆生动物一样，也非常需要借助声音来发出各种信号，如召唤同伴一起保卫领地，交配季节吸引异性等。或许，恐龙交流时的声音包括各种咯咯声、呼噜声、吼声、咆哮声或哀鸣声等。

对于异特龙来说，声音不仅可以用来吓唬猎物，也是捍卫领地、震慑同类的有力武器。

重要的"语言"

2008 年，英国的一个研究发现，鸭嘴龙能利用它们形状不同的鼻腔与气囊发出声音，虽然它们的声音不像鸟类那样复杂、高亢，但已形成了自己的"声音语言"，以传达对同伴的警告与指令。在交配季节，这些由不同声调与音符组成的"语言"起着更为重要的作用。

对食火鸡的研究

2003 年，纽约的一份研究报告称，食火鸡能发出鸟类最低沉的声音，而其头部的盔状物是它们接收同伴发出的低频声音的接收器，由于众多恐龙化石上也有这样一种与食火鸡"头盔"相似的盔状物，所以对食火鸡的研究有助于理解恐龙是怎样进行交流的。

互相摩擦

短吻鳄的鼻子和脖子上都长有能感觉外界信息的皮肤斑点，在交配季节，异性间通过斑点的相互摩擦而感知对方。我们可以想象霸王龙在交配季节可能也是这样。或者一对梁龙互相爱慕地将长脖子缠在一起，并迅速地用鼻子互相摩擦。

看到这幅图，不要以为它们在打架，其实这对梁龙只是在相互表示爱慕。

恐龙家族揭秘

五花八门——恐龙的自卫

在中生代这个弱肉强食的恐龙世界里，每一种恐龙为了生存，都必须有一套保护自己的本领。特别是温顺的素食恐龙，它们从小就得学会保护自己的方法，只有这样才能安全、健康地成长。这也是生物世界的基本规律，物竞天择，适者生存。

天然的防御

恐龙捕食时一般会用自己的大嘴巴去咬猎物的脖子和脊背，但是身上长有尖锐的棘或角的恐龙就可以利用这些武器保护自己，比如棘龙。

棘龙突起的背部和棘

note 知识小笔记

虽然大多数素食恐龙都有着庞大的躯体，但它们仍然要保持着高度的警惕性，时刻提防周围敌人的袭击。

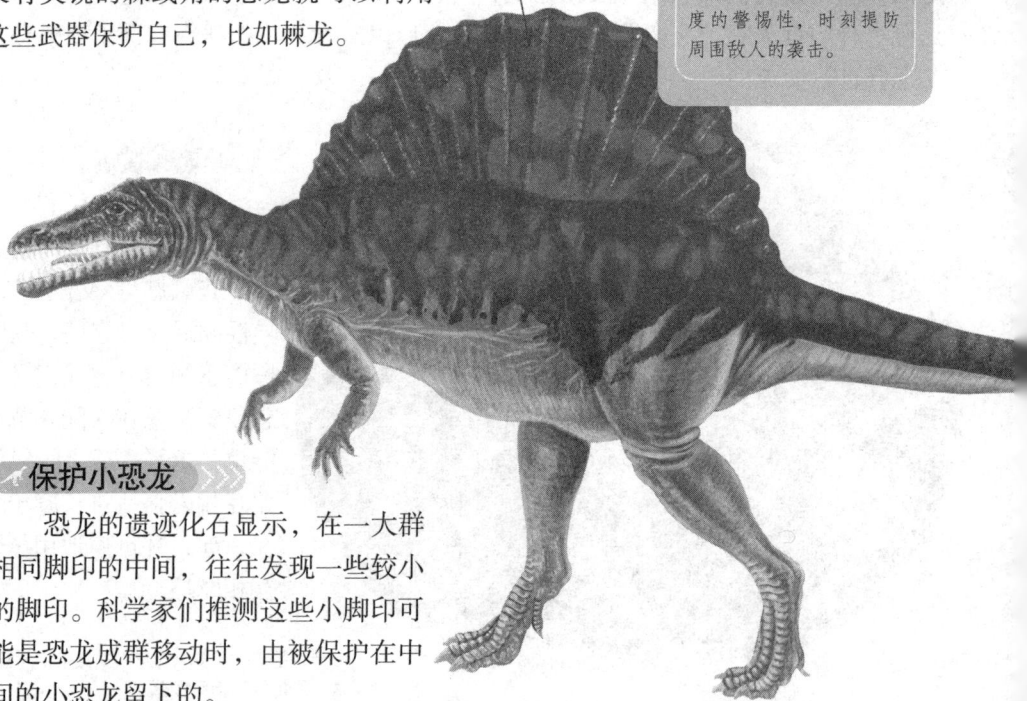

保护小恐龙

恐龙的遗迹化石显示，在一大群相同脚印的中间，往往发现一些较小的脚印。科学家们推测这些小脚印可能是恐龙成群移动时，由被保护在中间的小恐龙留下的。

奔跑逃命

一些小型的恐龙有着强有力的双腿，它们奔跑的速度很快，当被肉食恐龙追捕时，它们就迅速地奔跑，以逃离成为肉食恐龙食物的厄运。长有鞭子状尾巴的恐龙，可以用尾巴攻击敌人的眼睛或脚，使敌人失足摔倒。

蜥脚类恐龙的防御本领

蜥脚类恐龙在侏罗纪的极大成功和它们防御敌害的本领分是不开的。它们虽然笨拙，显得有些呆头呆脑，但它们的体躯庞大，体重重达数十吨。蜥脚类恐龙可以用发达有力的四肢猛踢进犯者，还可以用它们的鞭状尾、锤状尾反击对方。

甲龙常常用它的锤状的尾巴进行自卫

千奇百怪——恐龙之最

恐龙可以说是在地球上生活过的最成功的物种，在1.6亿年的漫长岁月里，恐龙家族在这颗蓝色的星球上繁衍不息，并称霸世界。恐龙种类繁多，外貌形形色色，它们在形体、习性等方面都各有各的特征。

最早出现的恐龙——南十字龙

知识小笔记

美国共发现了64属恐龙（彼此相似的动物，生物学上划归于同一个属）。另外，发现恐龙属种较多的国家有：蒙古国发现40属，中国发现36属，加拿大发现31属，英国发现26属，阿根廷发现23属。恐龙的智力由低到高依次是：蜥脚类、四龙类、剑龙类、角龙类、鸟脚类、大型肉食兽脚类和虚骨龙类。

最早出现的恐龙

现在所知最早的恐龙为两足行走的肉食类，命名为南十字龙。它出现于三叠纪晚期，体长约1.5米，体重可能达到30千克。

这是在牛津大学自然史博物馆的美颌龙模型，从体型可知它是灵活的捕猎者。

最小型的恐龙

现今所知的恐龙类型中，最小要算是细腭龙类，它只有今天的鸡一样大。有些种类体长仅约140厘米，有些仅仅70厘米。

最重的恐龙

　　平滑侧齿龙体重达 150 吨，是目前已知最重的恐龙。腕龙与南极龙两者估算都在 70~80 吨之间，南极龙可能比较瘦一些，但目前没有人确切地知道答案。

平滑侧齿龙

最宽的恐龙

　　甲龙，身披装甲，步履稳健，一些甲龙还拥有庞大的身躯，最大的甲龙大约 5 米宽，虽然它的体长不超过 10 米。相对于体长和身高来说，甲龙是恐龙家族中最宽的成员了。

最长的恐龙

　　重型龙与梁龙大约都为 27 米长。然而还有两种更长的尚在发掘，它们暂时的昵称为超龙与巨龙，若全部骨架发掘出来会更长。这两类恐龙初步推测长度为 35~40 米。

恐龙家族揭秘

众说纷纭——恐龙灭绝之谜

在爬行动物统治的中生代，恐龙是体格最大的一类动物，温暖的气候、茂密的森林、充足的食物，使恐龙统治地球1.8亿年之久，然而，它们在6500万年前很短的一段时间内突然灭绝了，只留下大量的化石和遗迹，让我们知道它们曾经存在过。

小行星撞击理论 >>>

大多数科学家认为，恐龙的灭绝和6500万年前的一颗小行星有关。据称，当时曾有一颗直径7~10千米的小行星坠落在地球表面，它引起的爆炸在地球表面形成遮天蔽日的尘雾，导致植物的光合作用暂时停止，恐龙因此而灭绝了。

长期以来，恐龙是如何灭绝的，这个问题一直困扰着我们，最常见的说法是小行星撞击地球，引起爆炸，从而导致恐龙灭绝。

气候变迁说 >>>

6500万年前，地球气候陡然变化，气温大幅下降，造成大气含氧量下降，令恐龙无法生存。也有人认为，恐龙是冷血动物，身上没有毛或保暖器官，无法适应地球气温的下降，都被冻死了。

小行星撞击地球过程的想象图

1991 年，在墨西哥的尤卡坦半岛发现了一个发生在久远年代的陨石撞击坑，这个事实进一步证实了小行星撞击理论的观点。

虽然，关于恐龙灭绝的猜测众说纷纭。但是，没有任何人能够拿出足够的证据来推翻其他假说。

物种斗争说

恐龙年代末期，最初的小型哺乳类动物出现了，这些动物属啮齿类肉食动物，可能以恐龙蛋为食。由于这种小型动物没有天敌，越来越多，最终吃光了恐龙蛋。

地磁变化说

现代生物学证明，某些生物的死亡与磁场有关。对磁场比较敏感的生物，在地球磁场发生变化的时候都可能导致灭绝。由此推论，恐龙的灭绝可能与地球磁场的变化有关。

难解之谜

关于恐龙灭绝原因的假说，远不止上述这几种。但是上述这几种假说，在科学界都有较多的支持者。当然，上面的每一种说法都存在不完善的地方。但是，普遍被大家认可的是行星撞击理论。

或许霸王龙就是恐龙灭绝的目击者。在陨石撞击地球的时候，它们才终结了自己的霸主生涯。

恐龙家族揭秘

追踪三叠纪

作为中生代的第一个纪元，三叠纪对于恐龙的历史来说就像是史书的第一页。历史走到三叠纪，恐龙便开始登上历史舞台，三叠纪起始于 2.5 亿年前，大约持续了5000 万年。它结束了古老的迷齿类两栖动物的统治史，将爬行动物推上历史的高峰。这一时期，爬行动物种类不断分化、增加，出现了最初的恐龙。

恐龙时代的黎明——始盗龙

始盗龙又名晓掠龙，是世界较早出现的恐龙之一。它生活于2.3亿~2.25亿年前的阿根廷西北部，属于蜥臀类恐龙。因为始盗龙具有较强的奔跑能力，人们才将它和盗贼联系了起来。古生物学家相信始盗龙的外表类似所有恐龙的祖先。

身体特征 >>>

始盗龙的体型较小，成长后约1米长，重量约10千克。它的后肢用来支撑身体，前肢只是后肢长度的一半，每只爪子都有五趾。其中最长的三根前趾都有尖爪，十分尖利，用来捕捉猎物。

note 知识小笔记

始盗龙四肢的骨骼薄且中空，站立时是依靠它脚掌中间的三根脚趾来支撑全身的重量。

食性

在始盗龙的上下颌上，后面的牙齿像带槽的牛排刀一样，与其他的肉食恐龙相似；但是前面的牙齿却是树叶状，与其他的素食恐龙相似。这一特征表明，始盗龙很可能既吃植物又吃肉。

始盗龙的一些特征证明，它是地球上较早出现的恐龙之一。

始盗龙有着带锯齿的牙齿

捕猎高手

始盗龙还是快速短跑手，捕捉猎物后，会用爪及牙齿撕开猎物。始盗龙那尖利的前爪、带锯齿的牙齿以及能够钳制住猎物使其无法挣脱的上下颌威胁着比它更大的动物的生存。

古生物学家保罗·塞里诺

化石发现地

始盗龙化石首先于1991年由芝加哥大学的古生物学家保罗·塞里诺命名，化石在阿根廷伊斯巨拉斯托盆地发现。在三叠纪晚期，这里是一个河谷，但现在已经变成了沙漠。

阿根廷伊斯巨拉斯托盆地

追踪三叠纪

早期兽脚类恐龙——里奥阿拉巴龙

<big>在</big>始盗龙和黑瑞龙发现以前，里奥阿拉巴龙一直扮演着最早的兽脚类恐龙的角色。在美国新墨西哥州北部，科学家曾经在三叠纪晚期的地层里发现了保存完整的里奥阿拉巴龙化石，对它的研究表明里奥阿拉巴龙确实可以作为早期兽脚类恐龙的代表。

身体形态

里奥阿拉巴龙体长将近 2.5 米，头骨狭长，侧扁的牙齿深埋在齿槽中，十分尖利，而且带有锯齿。它的身体轻巧，骨头都是空心的，这一点很像鸟类。因此，推测它当时的体重大约为 20 千克。

里奥阿拉巴龙复原图

美术图片中的里奥阿拉巴龙

身体结构

里奥阿拉巴龙是标准的两足行走动物，后腿形似鸟腿，十分强壮，看来很宜于行走。它的前肢短，具有适于攀援和掠取食物的灵活的前爪。身体以臀部为支点保持平衡，尾巴又细又长。它的脖子也相当长，前端是结构精巧的头骨。

科学家经过研究认为里奥阿拉巴龙可能是卵胎生动物

▶ 生活习性 ▶▶▶

里奥阿拉巴龙的生活方式可能也代表了兽脚类恐龙的基本适应形式，即习惯于在干燥的高地上生活。在这种地区生活，必须具备快速奔跑的能力和动作要敏捷，以捕食其他猎物和逃避敌害。

▶ 名字的更迭 ▶▶▶

1947年，在美国新墨西哥州的里奥阿拉巴发现了一具恐龙化石。美国的生物学家将它命名为腔骨龙。此后人们认为这个命名并不是十分准确，1991年，人们又将这个恐龙的名字更换为它的发现地的名字——里奥阿拉巴龙。

note 知识小笔记

里奥阿拉巴龙最早由美国恐龙专家科普命名为腔骨龙，1991年卢卡斯等专家重新为它命名。

追踪三叠纪

最早的巨型恐龙——板龙

吃 植物的板龙是生活在地球上的第一种巨型恐龙。在板龙出现以前，最大的食草类动物的身材也就像一头猪那样大，而板龙要大得多，它的身体有一辆公共汽车那样长。在三叠纪的恐龙中，板龙的形象最常出现在孩子们的恐龙书籍或玩具中。

身体形态 〉〉〉

板龙全长约7米，站立时头部高约3.5米，是最早的高大素食恐龙。它的头细小，口中有齿，脖子和尾巴都很长，躯体粗大。前肢短小，后肢则比较粗长。

note 知识小笔记

板龙分类上属于古脚类恐龙，科学家认为它们是蜥脚类恐龙，如雷龙、腕龙、梁龙等恐龙的祖先。

独特的前爪 〉〉〉

板龙粗壮的前爪有1个拇指和其他4个前指，拇指上长着一个顶端尖尖的大尖爪。一些科学家认为这个拇指上的大爪子是用来防御敌害的，另一些科学家则认为是用来从树上或灌木上抓取食物的。也许，这两种功能兼而有之。

板龙喜欢结成小群活动

行为习性

由于板龙骨架经常是被成群发现的，许多科学家推测，板龙是结成小群生活的，就像现代的河马和大象那样。有时候，板龙用四肢爬行并寻觅地上的植物，但当需要时，它可以靠两条强壮的后腿直立起来，寻找其他可食物。

进食

板龙的牙齿和上下颌的结构都不大适合咀嚼。因此，板龙大概是通过吞下各种石头，让它们储存在胃中，使胃像一台碾磨机那样滚动碾磨，把食物碾碎成糊状，再消化和吸收。

迁徙

板龙是三叠纪中超大的恐龙之一，它们常常在旱季缺乏食物时，集体向海边迁徙。

由于板龙身体硕大，体温升高时不易散热，当它们迁徙途中穿越沙漠时，常常需要忍受酷暑和口渴，在这样的情况下，一旦它们中途迷路，常会发生集体死亡的惨事。

追踪三叠纪

东亚的古脚类恐龙——禄丰龙

禄丰龙是生活于东亚的古脚类恐龙的著名代表，因其标本于1938年首次发现于我国云南禄丰县而得名。禄丰龙生活在大约1.6亿年前，是较早在中国大地上出现的恐龙之一。现在人们已经发现有许氏禄丰龙和巨型禄丰龙两种。

身体形态

禄丰龙的体型轻巧，头骨短小，眼眶圆大，前后肢的第一指(或趾)特别发达；口中牙齿的形状与树叶相似，前后边缘有微弱的锯齿。身后拖着一条粗壮的大尾巴，站立时，可以用来支撑身体，就好像随身带着凳子一样。

> *note* **知识小笔记**
>
> 许氏禄丰龙是中国人自己发掘、研究、装架的第一条恐龙，被称为"中国第一龙"。

行为习性

禄丰龙前肢并不像典型的两足行走的恐龙那样短小，它的前肢有时也可以行走，因此它可能具备有限的四足行走的能力。禄丰龙生活在湖泊岸边或沼泽地区，主要以植物叶或柔软藻类为生，偶尔也吃昆虫一类的小动物。

禄丰龙复原图

许氏禄丰龙

许氏禄丰龙从头到尾长约6米，站立起来身高超过2米。它的脖子很长，有10个颈椎（脖子部位的脊椎骨）。它的背椎（背部的脊椎骨）有14个，荐椎（腰部的脊椎骨）有3个，尾椎（尾巴上的脊椎骨）有45个。它的颈椎和背椎都相当粗壮。

位于巴塞罗那的许氏禄丰龙的骨盆化石

禄丰龙的骨骼化石

珍贵的化石

许氏禄丰龙由我国古脊椎动物学的开拓者和奠基人杨钟健院士定名，发现时，它的骨架非常完整，从头到尾巴尖上的骨头几乎没有缺少。像这样完整的化石，世界上发现的也不多，尤其是在恐龙还未兴盛的三叠纪，有这样完整的化石就显得更宝贵了。

巨型禄丰龙

巨型禄丰龙骨骼结构与许氏禄丰龙极为相近，只是个体明显比许氏禄丰龙大，显得较为笨重。到今天，总计有超过10副的禄丰龙复原骨架分别陈列在北京古脊椎动物与古人类研究所、北京自然博物馆和云南禄丰恐龙博物馆。

巨型禄丰龙的头骨，位于北京自然博物馆。

追踪三叠纪

最古老的恐龙——南十字龙

南十字龙属于小型的兽脚类恐龙，它生活于三叠纪晚期的巴西。到目前为止，人们只发现了南十字龙的一具不完整的骨架化石，所以还无法对它进行更多、更全面的认识和科学分析。这种恐龙留给我们很多秘密，等待我们去探索。

发现恐龙

南十字龙的唯一标本发现于巴西南部南里约格朗德州的圣母玛利亚组地层。因为被发现的时候是 1970 年，而当时在南半球的恐龙发现例子极少，因此恐龙的名字便根据只有南半球才可以看见的星座——南十字星命名。

猎食中的南十字龙

身体形态

南十字龙是已知最古老的恐龙，身长 2.1 米，尾巴的长度约 80 厘米，体重约 30 千克。它的后肢长而纤细，从生物学和生理学角度来看，这种特征可以让动物的奔跑速度加快，对于捕捉猎物及逃避敌害十分有利。

肉食恐龙

南十字龙的化石记录极不完整，只有大部分的脊椎骨、后肢和大型下颌。科学家根据其头部比例大、口腔内腭上有整齐锋利的牙齿来判断，南十字龙是一种肉食的恐龙。

古老的恐龙

南十字龙后肢脚趾的数目可能是5根，这与后来出现的肉食恐龙不同，后来出现的肉食恐龙的后肢一般只有三根脚趾。而且南十字龙只有两个脊椎骨连接骨盆与脊柱，这是一个明显的原始排列方式。

所以，南十字龙属于很原始的恐龙形态。

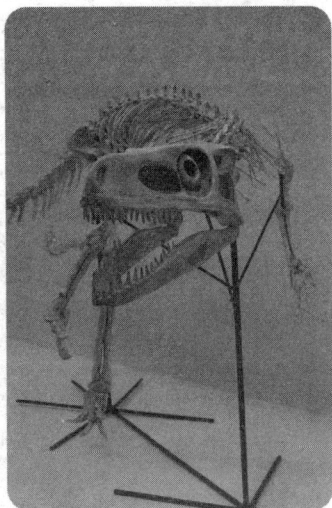

虽然南十字龙的骨架化石并不十分完整，但科学家根据这些仅有的化石已经能够判断出这类恐龙的身体形态和生活习性。

兽脚类恐龙

虽然南十字龙的牙齿和姿态显示它是一种肉食类的恐龙，但是有些研究人员认为它属于蜥脚类恐龙，因为它的骨骼类似古脚类。但最新的研究显示南十字龙与近亲始盗龙、埃雷拉龙都属于兽脚类，而且是在蜥脚类与兽脚类分开演化后，才演化出来的。

note 知识小笔记

南十字星座位于半人马座和苍蝇座之间，是88个星座中最小的一个。在北回归线以南的地方都可以看到整个南十字星座。

追踪三叠纪

南美洲的恐龙——里奥哈龙

里奥哈龙意为"里奥哈蜥蜴"，是以阿根廷拉里奥哈省为名，它们由约瑟·波拿巴发现。里奥哈龙是一种巨大的古脚类恐龙，生存于三叠纪晚期。它们巨大强壮的前肢说明它很可能是用四足行走的。

身体形态

里奥哈龙的身体健壮，身长可达 10 米，脖子细而长，所以它的头部可能很小。它们的腿庞大而结实，尾巴很长。里奥哈龙的脊椎骨中空，能减轻自身重量。大部分原蜥脚类恐龙的荐椎只有 3 节，而里奥哈龙的荐椎有 4 节。

note 知识小笔记

里奥哈龙是里奥哈龙科中唯一生存于南美洲的物种。

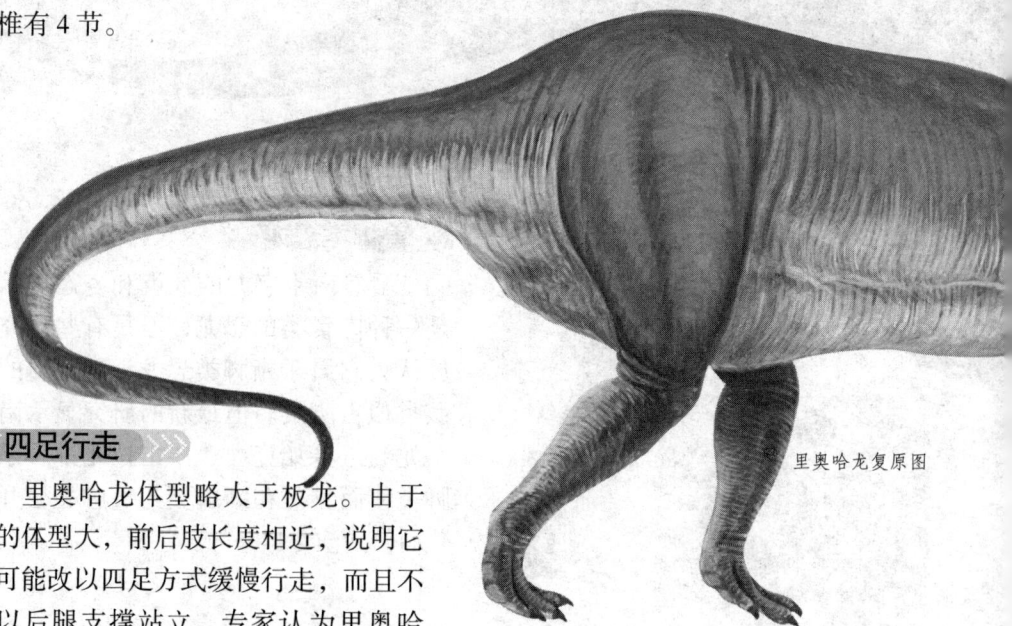
里奥哈龙复原图

四足行走

里奥哈龙体型略大于板龙。由于它的体型大，前后肢长度相近，说明它们可能改以四足方式缓慢行走，而且不能以后腿支撑站立。专家认为里奥哈龙可能以群体方式移动，以得到保护。

黑丘龙的头很小，四肢粗壮，尾巴很长。

素食恐龙

里奥哈龙属于素食恐龙，它的第一副被发现的骨骼化石中并没有颅骨，颅骨后来才被发现。它的牙齿呈叶状、有锯齿边缘。上颌的前方有 5 颗牙齿，后方有 24 颗牙齿。

不同的声音

许多科学家认为里奥哈龙是黑丘龙的近亲，黑丘龙是三叠纪到侏罗纪早期的最大型古脚类恐龙，但英国布里斯托大学的研究认为里奥哈龙的颈部骨头较长，与其他发现于阿根廷的古脚类恐龙不同。

科学家认为黑丘龙之所以进化出庞大的身躯，可能是用来抵御天敌的。

独自演化的种类

由于里奥哈龙与近亲黑丘龙都具有巨大的体型和四肢结构，曾有研究认为它们是早期的蜥脚类恐龙。有人却反对古脚类恐龙演化为蜥脚类恐龙的理论，提出他们是两种独自演化的种类。

追踪三叠纪

侏罗纪公园

　　侏罗纪是恐龙的公园，是恐龙演化发展史上的黄金盛世。侏罗纪持续了5000多万年，是一个相对稳定的地质历史时期。此时，地球上良好的自然环境造就了恐龙进化发展的最高峰，蜥脚类恐龙的发展更是迅速。一些恐龙为了支撑庞大的身躯而恢复了四肢行走的状态，它们用坚实的步伐征服了侏罗纪时期的大地。

古脚类恐龙的重要代表——大椎龙

大椎龙是较早在陆地上出现的以植物为食的恐龙之一。它生存于早侏罗纪，距今约 2 亿年。1854 年，古生物学家理查德·欧文根据来自南非的化石，将其命名为大椎龙，因此，它们是较早被命名的恐龙之一。

体形特征

大椎龙是一种结构轻巧的中型恐龙，身长 4~5 米，体重约 135 千克。它们的头又小又窄，眼睛和鼻子却挺大，所以，它们的视觉和嗅觉肯定很灵敏。它们的牙齿当中，一些有沟槽，另一些却很扁平。

note 知识小笔记

大椎龙不仅曾经生活在非洲南部，在美国的亚利桑那州也发现了它们的化石。

大椎龙

突出的上颌

它们的上颌很独特，向前突出，超过了下颌，因此，它们的下颌很可能有一副鸟嘴一样的喙覆盖在骨骼的外面。此外，大椎龙上下颌都长着血管孔可以让血管通过，这表明大椎龙长有脸颊。

关于大椎龙的食性，一直存在争议，有些科学家根据其高而坚固并且有锯齿边缘的前排牙齿判断，它们属于肉食恐龙，有的观点则认为大椎龙应是杂食恐龙。上图为一具位于伦敦自然历史博物馆的大椎龙骨架化石。

弯曲的爪 ▶▶▶

大椎龙是早期素食恐龙，外形比同时期的板龙要小巧得多。一般四脚着地，也能仅用后腿站立起来采食。它前肢上的"手"很大，拇指上长着大而弯曲的爪，主要是为了防御。在二、三指的配合下，大拇指还具有抓握功能，可用来捡取树叶。

大椎龙复原图

发现胃石 ▶▶▶

人们从大椎龙的化石中发现，它除了吃树的枝叶外，还时常吞食些鹅卵石，很可能它的牙齿不足以嚼碎食物，只能把这些石头放在胃里充当碾磨器。这种办法传递给了后来的一些大型食草恐龙，甚至今天的鸟类。

侏罗纪公园

极地恐龙——冰嵴龙

冰嵴龙又名冰棘龙或冻角龙，是一类大型的双足兽脚类恐龙，在其头部有一个奇异的冠状物。冰嵴龙于1991年在南极洲的早侏罗纪地层被发现。它是第一头在南极洲发现的肉食恐龙，且是第一头被正式命名的南极洲恐龙。

身体形态 >>>

冰嵴龙长6~8米，头非常窄。最奇特的是它的鼻冠，位于眼睛的上部，并且垂直于头颅骨且向外散开，鼻冠的外观很像一把梳子。科学家认为这个冠若用在打斗上是很易碎的，所以被认为是作为求偶用的。

冰嵴龙化石的发现者——威廉·哈默

发现化石 >>>

1991年，科学家在南极比尔德莫尔冰川处发现冰嵴龙的化石，当时，挖掘团队共挖出2~3吨重的带有化石的岩块。遗骸包括部分被压碎的头颅骨、一个腭骨、30节脊骨、坐骨、耻骨、大腿骨等。头颅骨部分被比尔德莫尔冰川压碎，但该部分已被重组。

正式命名

1994 年，冰嵴龙正式被命名及描述，并被发表在《科学》期刊上。冰嵴龙的学名是从古希腊文的"冰""冻"和"蜥蜴"而来。但这个名字并非指发掘队伍所面对的严峻环境，而是这头恐龙所生活的较凉气候。

生活环境

早侏罗纪时期，南极洲分布有森林，而且生活着各种不同的物种。虽然当时地球比较温暖，而且当时的南极洲很接近赤道，但它仍然属于温带气候。可见，当时的恐龙可以生活在相对凉爽的环境中，在下雪时仍有可能生存。

科学家认为，冰嵴龙的鼻冠也许只在繁殖季节才展露出艳丽的色彩。但是，如果从保护色的角度考虑，或许它鼻冠的颜色与生存环境相关。

早侏罗纪时期的南极洲分布着比较茂密的森林，生存着多样性的物种。

不会遭遇极夜

冰嵴龙化石的发现地距南极点约 650 千米，而且在它们生存的时期，这个地方距离南极点约 1000 千米或更加偏北的地区，所以，当时的冰嵴龙并不会遇上极夜。

侏罗纪公园

重型爬行动物——重龙

重龙生活于晚侏罗纪，距今约 1.5 亿年前，属于蜥脚类恐龙。它的身材高大，脖子很长，还长着一条很长的尾巴，尾巴摆动起来，可用作防御武器。目前被命名的重龙有大斋重龙、拖尼重龙和纤细重龙。

note 知识小笔记

在纽约的美国自然历史博物馆展示了一个重龙母亲的骨骼，其头部可以达到 5 层楼的高度。

身体形态

重龙体长约 27 米，虽然没有发现它的头颅骨，但科学家认为它的头部很小。重龙长长的脖子上虽然只有 15 根颈椎，但有些颈椎骨有 1 米多长，并且这些骨头都是空心的。像蜥脚类家族的所有成员一样，重龙的前肢上也长着大而弯的爪。

重龙是侏罗纪时期的素食恐龙

独特的身体结构

有些科学家认为，重龙每次抬起头来只能持续很短的时间，否则，血液会停止流向大脑，因为它的心脏离头非常远。而另一观点认为重龙可能有几个心脏，以使血液流遍全身。

发现和命名 >>>

大斋重龙的化石于 19 世纪在美国的南达科他州被发现，并于 1890 年命名。1922 年，在犹他州又发现了三个几乎完整的大斋重龙的骨骼化石。

被遗忘的化石 >>>

在加拿大安大略省的多伦多皇家安大略博物馆，有一个长达 24 米的部分完整的重龙化石，在储藏室中遭到遗忘达 45 年，直到 2007 年才被戴夫·埃文斯博士重新发现、组合起来。

位于纽约美国自然历史博物馆里的重龙骨架

非洲的重龙 >>>

在非洲坦桑尼亚发现的晚侏罗纪化石，最初被认为属于拖尼龙，并被命名为非洲拖尼龙，现在被认为是重龙的另一个种，称为非洲重龙。第三种重龙——纤细重龙也在非洲被发现。

侏罗纪公园

猎食动物中的王者——异特龙

异特龙也叫作跃龙，是一种大型的肉食恐龙，它生存于1.55亿~1.46亿年前。在霸王龙出现前的数千万年间，异特龙一直是肉食恐龙中的王者。因此，有部分科学家认为异特龙才是地球有史以来最强大的猎食动物。

身体特征 >>>

异特龙体长10~12米，有一个长1米的巨大头颅，结实的上下颌骨上长有带锯齿的牙齿，可以轻松撕碎猎物坚实的皮肤。它拥有粗壮的颈部、长尾巴以及缩短的前肢。脆弱异特龙是最著名的种类。

note 知识小笔记

异特龙的化石至今发现40多个，主要来自北美洲，另外在葡萄牙、坦桑尼亚也有部分发现。

异特龙复原图

头颅骨的特点 >>>

在兽脚类恐龙中，异特龙的头颅骨、牙齿与身体的比例适中。它的牙齿数量与骨头大小并不成正比，越往嘴部深处，牙齿就越短、越狭窄、越弯曲。这些牙齿很容易脱落，所以它们会不断地生长、替代，并成为常发现的化石。

异特龙
的角冠

角冠

异特龙的眼睛上方拥有一对角冠，由延伸的泪骨所构成。角冠的形状与大小随个体而不同。这些角冠可能覆盖着角质，并具有不同的功能，例如给眼睛遮蔽阳光、物种内的打斗行为等。

生活习性

异特龙的日常食物既有腐肉，也有捕猎活物两种形式。在它三指的前肢上有 15 厘米长的利爪。根据异特龙脚印化石显示，它每一步的间距都超过 2 米，这说明它的奔跑速度很快，能够迅速抓到猎物。

一只异特龙正在贪婪地吞食一具迷惑龙的尸体

"大艾尔"

1991 年，在美国怀俄明州发现了一具完整度接近 95% 的异特龙化石，由于化石相当完整，因此取了个昵称"大艾尔"。"大艾尔"身长约 8 米，现珍藏于怀俄明大学地质博物馆内，是著名的异特龙化石之一。

"大艾尔"化石

侏罗纪公园

外形奇特的恐龙——剑龙

剑龙的背上都有象征它们"家族"特征的剑板，因此被命名为剑龙。它们诞生于侏罗纪的早期，是从原始的鸟脚类恐龙中分化出来的，侏罗纪中期达到了最繁盛的时期，直到白垩纪早期才逐渐衰退、灭绝。剑龙也成了恐龙家族中最早消亡的一支。

奇特的外形 >>>

剑龙通常体长3~12米，在它沿着高高拱起呈弓状的脊背上，依次排列有两行大小不等的三角形或者多角形骨质棘板，尾巴的尾梢上有两对修长的骨刺，这是十分凶狠的武器。剑龙的头很小，脑子只有核桃大小，因此，科学家们认为，剑龙或许是一种很笨的恐龙。

note 知识小笔记

1981年，在中国四川省自贡市大山铺发现的一种名叫"太自华阳龙"的剑龙，除几副骨架外，还包括两个完好的头骨。它的身长约4米，臀部高1.4米，是一只中等大小的剑龙。

剑龙复原图

关于骨板 ▷▷▷

对于剑龙的骨板，最初，科学家们估计是像护盖一样平铺在恐龙身上。后来，经过仔细考察，最终确定骨板是竖立的。关于骨板的作用，有人认为它可以保护身体；有人认为是一种"拟态"，用于迷惑敌人。近年来，有人又提出了新看法，认为剑龙的骨板具有调节体温的作用。

由于拥有独特的外貌，剑龙也常常成为电影中的明星。

生活习性 ▷▷▷

别看剑龙外表凶悍，其实它是一种素食恐龙。剑龙依靠四足行走，喜欢在水边生活，常常出没于河湖附近的丛林中。这里有充足的水源，有充足的植物给它们提供每日所需的食物。

发现剑龙 ▷▷▷

最早发现剑龙的地方是美国，1886年，在美国科罗拉多州发现了典型的剑龙，是相当完美的骨架化石。但是，这只剑龙并不是最早出现在地球上的剑龙家族的成员。

侏罗纪公园

鼻子上长角的恐龙——角鼻龙

角鼻龙又名刺龙或角盔龙，是晚侏罗纪的大型肉食恐龙。从外形上看，它除了鼻子上方生有一只短角、两眼前方也有类似短角的突起外，与其他的肉食恐龙没有太大区别。这也可能就是它被称为角鼻龙的原因。

身体特征 >>>

角鼻龙与异特龙、蛮龙、迷惑龙、梁龙及剑龙生存在相同的时代与地区。角鼻龙的体型比异特龙小，身长6~8米，2.5米高，体重500~1000千克。

除了特殊的鼻角，角鼻龙从后脑沿背脊直到其尾部，还生有小锯齿状棘突。

身体结构 >>>

角鼻龙是一种典型的兽脚类恐龙，具有大型头部、短前肢、粗壮的腰部和后肢、强健的上下颌以及长尾巴，它的嘴里布满尖利而弯曲的牙齿。

鼻角的功能

角鼻龙的鼻角是由鼻骨隆起形成的。最初，科学家认为这个鼻角是一种攻击、防御的武器。后来，科学家又认为这个鼻角可能会在物种内的打斗行为中派上用场，而不会产生致命性的后果，例如求偶、争夺首领地位等。

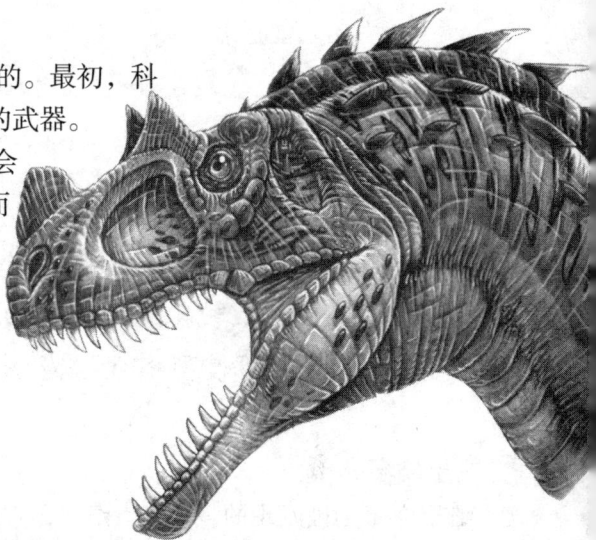

note 知识小笔记

角鼻龙的化石最早是在美国犹他州中部的克利夫兰劳埃德采石场和科罗拉多州的干梅萨采石场发掘出来的，后来在坦桑尼亚和葡萄牙也有发现。

生活习性

角鼻龙用强壮的后腿走路，它的尾巴左右较扁，形状像鳄鱼。2004 年的一项研究指出，角鼻龙一般是狩猎水中猎物，如鱼类、鳄鱼，不过它也可能猎食大型的恐龙。在陆地的大型恐龙骨骼上常发现角鼻龙的牙齿痕迹，所以说，它很有可能也以尸体为食。

角鼻龙的近亲

角鼻龙的近亲包括锐颌龙、轻巧龙以及食肉牛龙。和鸟类相比，角鼻龙及它的近亲都与鸟类相似，而且跗骨甚至比异特龙更像鸟类。然而，要更清楚角鼻龙的演化及亲缘关系，则需要更多的化石来提供资料。

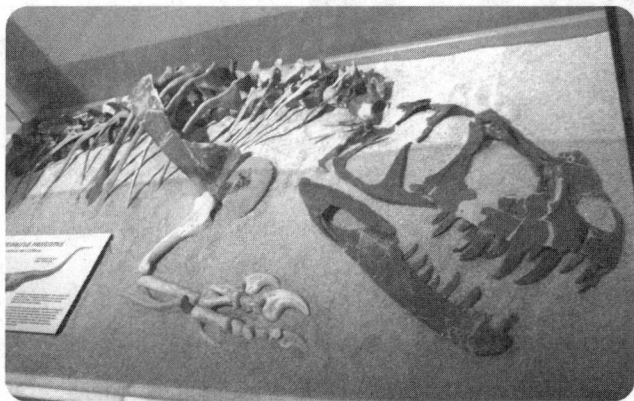

角鼻龙的化石

侏罗纪公园

欧洲著名的肉食恐龙——美扭椎龙

美扭椎龙又名优椎龙，意为"优美的弯曲脊椎骨"，指的是化石最初发现时的脊椎排列方式。美扭椎龙属于兽脚类恐龙，生存于大约 1.5 亿年前的中侏罗纪的英格兰南部，一直是欧洲最著名的大型肉食恐龙。

关于命名 >>>

在恐龙最初被发现的一个多世纪里，它的分类一直很混乱。当时西欧的古生物学家们认为只有斑龙一种大型的肉食恐龙，所以在美扭椎龙被发现时，也被归为斑龙类。直到 1964 年，英国化石学家指出这种恐龙并不是斑龙，并给它取了一个新名字——美扭椎龙。

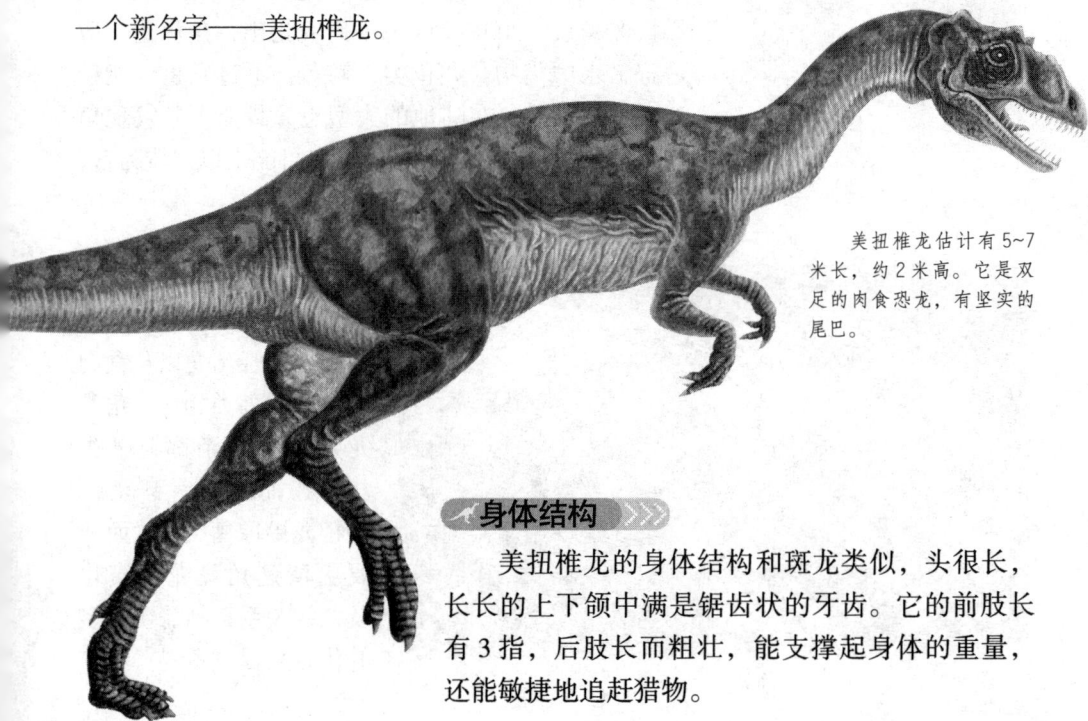

美扭椎龙估计有 5~7 米长，约 2 米高。它是双足的肉食恐龙，有坚实的尾巴。

身体结构 >>>

美扭椎龙的身体结构和斑龙类似，头很长，长长的上下颌中满是锯齿状的牙齿。它的前肢长有 3 指，后肢长而粗壮，能支撑起身体的重量，还能敏捷地追赶猎物。

美扭椎龙是典型的兽脚类恐龙，它有强壮的后肢、直立的姿势及小型的前肢。

美扭椎龙的脚

与大多数兽脚类恐龙一样，美扭椎龙的脚也是由 3 根趾头构成的，而且整体构造和现代鸟类的脚类似。它的 3 根趾骨长度几乎相当，中间的那根从上往下逐渐变细。这反映了在兽脚类恐龙的演化过程中，趾骨在不断地发生变化。

note **知识小笔记**

目前，人们对美扭椎龙的认识仅限于在英国发现的这具化石。虽然这具骨骼化石并不十分完整，但它是迄今为止保存比较完好的肉食性恐龙的遗骸。

生活习性

美扭椎龙是一种大型肉食恐龙，能快速奔跑，追逐鲸龙、棱齿龙和剑龙等猎物。不过，或许它还是一种食腐动物。美扭椎龙还善于游泳，在水中时，它的尾巴可以起到舵的作用。

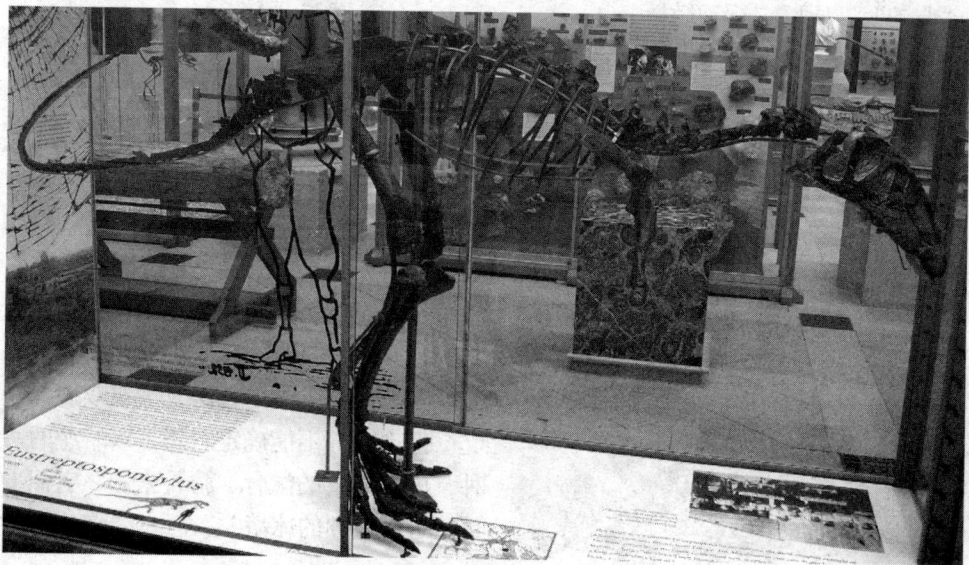

Eustreptospondylus

侏罗纪公园

长着双冠的恐龙——双嵴龙

双嵴龙又名双棘龙、双盔龙，是一种兽脚类恐龙，生活于早侏罗纪。双嵴龙的名字来源于古希腊文的"双冠"，因为它的头上有着两个冠状物。独特的外形使双嵴龙成了电影《侏罗纪公园》中的明星。

身体特征 >>>

双嵴龙身长约 6 米，站立时头部高约 2.4 米，体重为半吨，头顶上长着两片大大的骨冠。双嵴龙的前肢短小，善于奔跑。与后来的大型肉食恐龙相比，双嵴龙的身体显得比较"苗条"，所以它行动敏捷。

月面谷双嵴龙

中国双嵴龙

分类 >>>

双嵴龙分为 3 个种类，分别是月面谷双嵴龙、奇特双嵴龙和中国双嵴龙。其中，中国双嵴龙于 1978 年在云南省被发现，当时它和原蜥脚类的云南龙被双双埋在一起。但现在并不能确定它属于双嵴龙的一种，因为从它的颧骨、腭骨来看，它似乎更接近南极洲的冰嵴龙。

独特的双冠 >>>

双嵴龙头上圆而薄的头冠最初被认为是雄性之间争斗的工具，但后来发现这个头冠比较脆弱，不太可能用于打斗。所以，有的古生物学家认为，双嵴龙的头冠是用来吸引异性的工具。

古生物学家研究认为，头冠大的双嵴龙可能在群居中占有较大的地盘，并拥有和更多雌性恐龙交配的特权。右图为双嵴龙的头骨化石。

食性 >>>

双嵴龙的鼻嘴前端特别狭窄，柔软而灵活，可以从矮树丛中或石头缝里将那些细小的蜥蜴或其他小动物衔出来吃掉。它的口中长满利齿，也能捕杀一些大个子的素食恐龙。但是，也有些科学家怀疑它的牙齿功能，说它只是一种食腐肉的恐龙。

化石的发现 >>>

双嵴龙的第一具化石于1943年夏天被发现，当时被认为是斑龙的一个种，叫作魏氏斑龙。1970年，在这具化石的发现地又发现了一具新的化石。这具新化石具有明显的两个冠饰，它这才被确认为一个独立的种类，被命名为双嵴龙。

侏罗纪公园

陆地上的"鲸"——鲸龙

鲸龙是人类发现较早的恐龙之一，由于当时被发现时，它的骨架脊椎上有海绵状结缔组织，与今天的鲸类相似，所以被命名为鲸龙，而且它一度被认为是一种巨大的水生爬行动物。直到后来人们发现了比较完整的骨架以后，才确定了它蜥脚类恐龙的身份。

发现和鉴定

1809 年，在英国的牛津郡发现了鲸龙化石。1841 年，欧文以零星发现的牙齿和骨头为其命名。1870 年，一具不完整的鲸龙骨骼在英国牛津附近被发现。1979 年，在摩洛哥发现的一根鲸龙的股骨竟有 2 米长。

note 知识小笔记

鲸龙是最早有正式学名的蜥脚类恐龙。它与发现于印度的巨脚龙、中国的属龙都是目前已知早期较原始的蜥脚类恐龙的代表。

鲸龙

身体特征

鲸龙是长颈的四足恐龙，体长约 18 米，重约 25 吨。它的前后肢长短等长，背部基本保持水平状态。古生物学家目前还没有发现完整的鲸龙头骨化石。根据其牙齿化石推测，鲸龙的头部较小。

实心的脊骨

鲸龙的脊骨几乎是实心的，与后期的腕龙等蜥脚类恐龙相比显得结实厚重，这也是原始恐龙的特征。随着蜥脚类恐龙的演化，它们的脊椎骨开始有了空腔，可以减轻它们的重量。

生活习性

鲸龙生活在侏罗纪中到晚期的今英国海滨地区。鲸龙的颈部并不灵活，可以在 3 米的弧线范围内左右摇摆，所以，鲸龙只能低头喝水或是啃食蕨类叶片和小型的多叶树木。

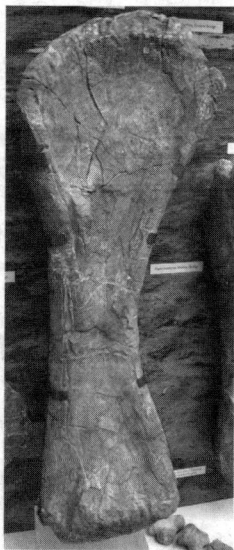

鲸龙的肱骨

似鲸龙

似鲸龙的意思是"像鲸龙的恐龙"，它确实与鲸龙非常相似。这种恐龙生活在侏罗纪晚期的英国南部和瑞士，和鲸龙同属于蜥脚类恐龙，体长约 15 米。

似鲸龙是四足的素食恐龙，它于 1927 年由德国古生物学家休尼命名。

侏罗纪公园

身体最长的恐龙——梁龙

梁龙是有史以来已知的陆地上最长的动物，也是恐龙世界中的体长冠军，由于它大量的骨骼化石被发现，所以梁龙已经为人们所熟悉，并成为非常著名的恐龙。梁龙属于蜥脚类恐龙，生活于晚侏罗纪时期的北美洲西部。

外貌

梁龙的体型巨大，在发现的化石中，它的脖子长 7.8 米，尾巴长 13.5 米，身体全长 27 米，脑袋却纤细小巧，鼻孔长在头顶上。它的前腿比后腿短，每只脚上有 5 个脚趾，其中的一个脚趾长着爪子。

特殊的身体结构

梁龙的骨头非常特殊，骨头里边是空心的，很轻。因此，它的体重并没有我们想象的那么重。在梁龙的脚下可能生有脚掌垫，有了它，梁龙在行走时就不会因为支持庞大的身体而使肌肉感到太吃力。

note 知识小笔记

梁龙的脖子由 15 块脊椎骨组成，胸部和背部有 10 块，而细长的尾巴内竟有大约 70 块脊椎骨！

梁龙的食物

梁龙是素食动物，吃东西时，它不咀嚼，而是将树叶等食物直接吞下去。因为梁龙的牙齿只长在嘴的前部，而且很细小，所以它就只能吃些柔嫩多汁的植物。

化石发现地

梁龙的化石在美国西部的科罗拉多州、犹他州、蒙大拿州和怀俄明州陆续被发现，并且化石非常丰富。虽然化石中已发现比较完整的骨骼，却很少发现头骨。

由于拥有长颈、长尾巴的突出特点，梁龙成为最容易确认的恐龙之一。

因为梁龙的脑袋非常小，所以它不是很聪明。

自卫行为

梁龙能用它强有力的尾巴来鞭打敌人，迫使进攻者后退；或者用后腿站立，用尾巴支持部分体重，以便能用巨大的前肢来自卫。

侏罗纪公园

小巧的恐龙——美颌龙

美颌龙是恐龙家族中小巧玲珑的种类，它的躯干部分只有一只母鸡那么大，无疑是恐龙家族中个体最小的成员，属于肉食性的兽脚类恐龙。假如有人还认为恐龙都是庞然大物的话，美颌龙肯定是最好的反证。

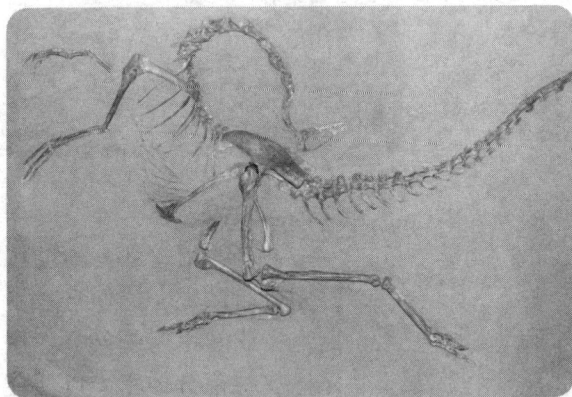

珍贵的美颌龙标本

珍贵的标本

已知的美颌龙标本是两个接近完整的骨骼，其中一个于19世纪50年代在德国被发现，标本长约89厘米；另一个则是在法国被发现，长约125厘米。德国标本于1861年被命名为长足美颌龙。现在，这个标本在德国巴伐利亚国家古生物和地质收藏馆中展出。

身体特征

美颌龙的脖子修长而灵活，上面长有一个轻巧的头，头骨中有许多空洞。就连它的68枚牙齿都非常小巧玲珑。美颌龙的前肢有三指，但只有两个可以弯曲。它的尾巴细长，长度超过身体的1/2。

锋利的牙齿

美颌龙的下颌修长，牙齿小而锋利，适合吃小型的脊椎动物及其他动物，在两个标本的肚里都发现小型的蜥蜴。除了在前上颌骨的最前牙齿外，其他的牙齿都有锯齿。科学家们就是用这个特征来辨别美颌龙及它的近亲。

敏捷的掠食者

美颌龙是一种快速如鸟的掠食者，目光敏锐，捕猎能力很强，靠着强健的后腿，它可以快速奔跑，而且能够突然加速，穷追不舍。

长期以来，美颌龙因其小巧玲珑的体型而著名。美颌龙的形象也经常出现在儿童读物中。

生活环境

在侏罗纪晚期，欧洲位于古地中海的边缘，是一片处于热带地区的群岛。美颌龙当时就栖息在海岸边，与它同时代的还有始祖鸟、喙嘴龙和翼手龙等。

note 知识小笔记

美颌龙科包含了大部分生存于晚侏罗纪至白垩纪在中国、欧洲及南美洲的小型恐龙，如似鸟龙、华夏颌龙和中华龙鸟等。

侏罗纪公园

恐龙家族的巨人——腕龙

腕龙生活在侏罗纪至白垩纪晚期，是曾经生活在陆地上较大的动物之一，也是著名的恐龙之一，因此它常常出现在电影和电视节目中。腕龙的化石于 1900 年首次在美国科罗拉多州西部的大峡谷中被发现。

庞大的身躯 >>>

1907 年，在非洲的坦桑尼亚发现一具腕龙的骨骼化石，科学家估计这只腕龙体长 25 米，体重达到 80 吨，是已知恐龙中体重最大的。10 米长的脖子让它能够吃到树顶的枝叶。当它伸长脖子站立的时候，头和地面的距离可以达到 13 米之高。

身体结构 >>>

腕龙是属于蜥脚类的素食恐龙，身体结构像长颈鹿，前腿比后腿长，这样能帮助它支撑长脖子的重量。它的脑袋很小，头颅骨有很多小孔，能帮助减轻重量。腕龙的鼻梁向上高高拱起，形成鸡冠一样的鼻子。

柏林洪堡自然历史博物馆的布氏腕龙（长颈巨龙）的骨架，是目前全球最高的组装骨骼。

巨大的食量

腕龙需要吃大量的食物来补充其庞大身体生长和四处活动所需的能量。一只大象一天能吃大约150千克的食物，而腕龙每天大约能吃1500千克的食物！

腕龙可能每天都成群结队地旅行，在一望无际的大草原上游荡，寻找新鲜树木。

生活环境

腕龙是侏罗纪时代巨大的恐龙之一。它生活于充满蕨类、苏铁类的草原，并穿越有大量松树和银杏的树林。与腕龙生存于同时代相同区域的恐龙有剑龙、橡树龙、迷惑龙和梁龙。

note **知识小笔记**

一些科学家认为，腕龙或许有好几个心脏来将血液输遍它庞大的身躯。

布氏腕龙的重建图

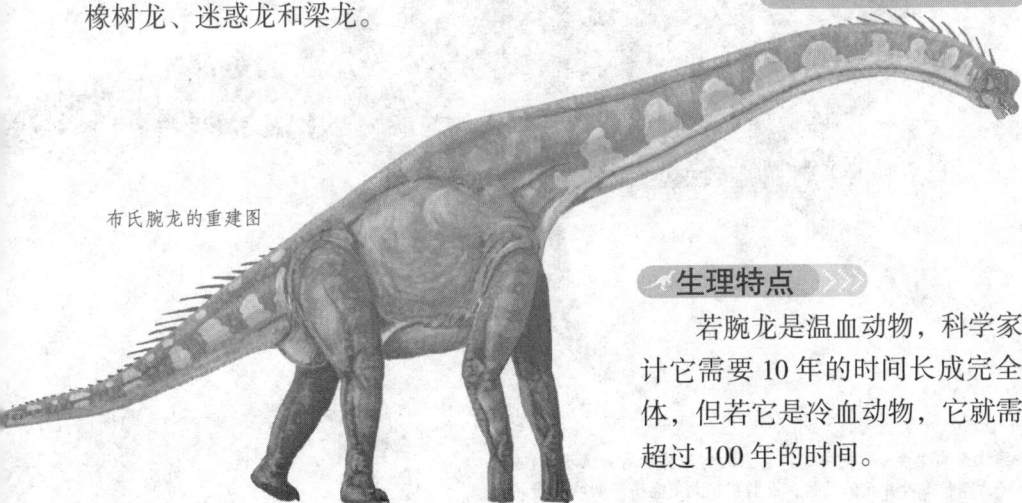

生理特点

若腕龙是温血动物，科学家估计它需要10年的时间长成完全个体，但若它是冷血动物，它就需要超过100年的时间。

体形奇特的恐龙——弯龙

弯龙是一种素食性、有喙状嘴的恐龙，它生活于侏罗纪晚期至白垩纪早期，典型的种类主要发现于北美洲和英国。由于弯龙通常以四足站立，它的身体形成一个拱形，所以古生物学家给它取了这样一个形象的名字。

身体特征

弯龙的体型庞大，最大的成年弯龙身长为 7.9 米，臀部高达 2 米，体重约 1 吨。它的头骨小，前肢短，后肢长，偶尔也能用后腿直立起来吃长在高处的植物。它的前肢有 5 个指，后肢有 4 个趾，前后肢都有蹄状指爪。

note 知识小笔记

弯龙的化石足迹显示，它的指间没有肉垫相连，这点与禽龙不同。

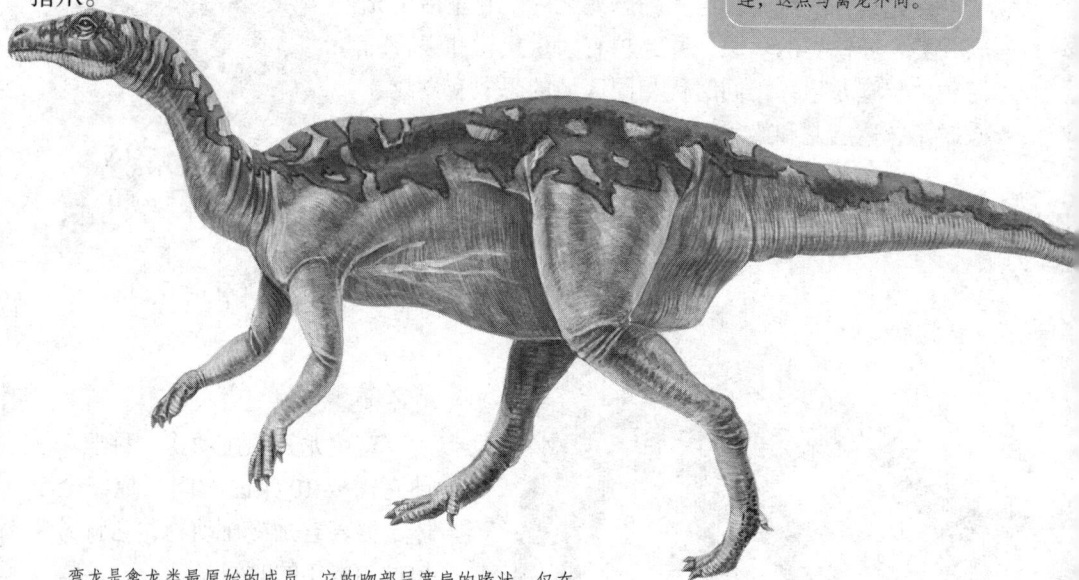

弯龙是禽龙类最原始的成员，它的吻部呈宽扁的喙状，仅在上下颌后半部有叶片状的牙齿，人们猜想它用喙啃下树叶和嫩枝，再用长长的舌头卷入口中，然后由两侧的牙齿嚼磨。

独特的牙齿替换

科学家研究发现，弯龙牙齿替换的过程非常有趣，通常从偶数位后的牙齿开始，所有位于奇数位的牙齿依次被替换，而且替换顺序是从后向前，因此，正在替换的一系列牙齿从后向前逐渐变小。

科学家推测，在整个禽龙科中，像弯龙这样的牙齿替换过程可能是一种普遍现象。

行为习性

从体态结构看，弯龙似乎是一种行动缓慢、没有自卫能力的动物。或许必要时，它会用两长腿奔跑，躲避敌人的袭击。而更多的时候弯龙很可能是弯下腰来，隐藏在树丛中以避开灾难。

侏罗纪公园

恐龙时代的空中霸主——翼龙

翼龙是恐龙生活时代的空中霸主，它们是最早飞上天空的脊椎动物。虽然它们不是恐龙，却伴随着恐龙的兴衰，见证了恐龙时代的灭亡，翼龙也和恐龙一起灭绝于 6500 万年前的白垩纪晚期。

一颗翼龙类的牙齿

分类

翼龙分为两大类：一类是分布于三叠纪晚期到侏罗纪晚期的原始喙嘴龙类；另一类是兴起于侏罗纪晚期，一直存活到白垩纪晚期的翼手龙类。喙嘴龙类的颈部比较短，尾巴长，掌骨短；翼手龙类的颈部短，尾巴也短。

翼龙常生活在湖泊、浅海的附近。

飞行能手

早期，曾有人认为翼龙或许不擅长飞翔，它们更多只是滑翔而已。然而，研究表明，因其大脑中处理平衡信息的神经组织相当发达，翼龙不仅能像鸟类一样飞翔，而且很可能是飞行能手。

翼手龙

note 知识小笔记

1784 年，意大利的古生物学家科利尼在德国发现第一件翼龙化石。1801 年，居维叶鉴定它为翼手龙，归于爬行动物。

化石发现地

迄今为止，世界上已经发现命名了超过 120 种的翼龙化石，其中绝大多数都被保存在海相沉积岩中。德国的索伦霍芬是世界上出名的翼龙化石产地之一，这里曾经发现了包括喙嘴龙和翼手龙在内的众多翼龙成员，此外，巴西东北部、中国的辽西地区也都发现过大量翼龙化石。

生活习性

翼龙常生活在湖泊、浅海的上空。一些翼龙有脚蹼，可以从天空中发现飞行的昆虫以及水中游动的鱼、虾等小型水生动物，并且迅速出击，准确捕食它们。

飞行于海面上的无齿翼龙想象图

侏罗纪公园

捕猎高手——气龙

气龙是兽脚类恐龙中比较原始的种类，由于它的化石是在寻找天然气时发现的，所以得名气龙。气龙生活在侏罗纪中期，距今约 1.6 亿年，主要分布在亚洲。它的化石发现于四川省自贡市大山铺。

身体特征 >>>

气龙体长 3.5~4 米，高 1.3 米，体重约 150 千克，属于中等体型的肉食性恐龙，它们通常生活在湖滨周围或丛林中。

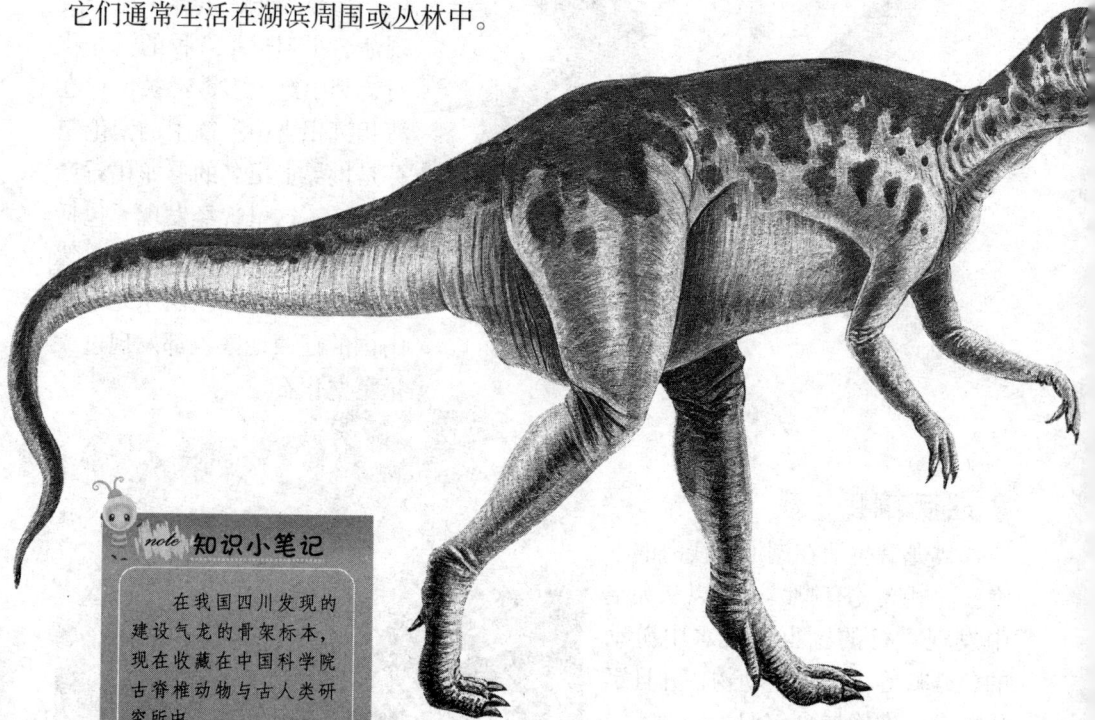

note 知识小笔记

在我国四川发现的建设气龙的骨架标本，现在收藏在中国科学院古脊椎动物与古人类研究所中。

气龙的前肢退化，它们常用粗壮的后肢行走，奔跑灵活。上图为气龙的复原图。

捕猎高手 >>>

气龙的颧骨非常强壮，牙齿就像一把把非常锋利的小匕首，牙齿的边缘还有小锯齿，这说明它能很轻松地撕裂生肉。它的前肢很短，走路只能凭借强壮有力的后腿，但它的爪子尖锐强劲，可以紧紧抓住猎物或撕开大型猎物坚韧的外皮。

气龙的牙齿

集体行动 >>>

气龙在侏罗纪中期的蜀龙动物群里是一种活跃敏捷的掠食者，或许它们成群出没，集体捕猎，就像今天的狼一样，是靠集体力量去战胜比自己高大的动物。

关于分类 >>>

目前唯一发现的气龙化石是一些颅后骨，由于头骨没有被发现，一些学者认为气龙其实是开江龙，还有指气龙与斑龙有关。虽然现在气龙被分类在肉食恐龙中，但它也有可能属于虚骨龙类。

气龙的骨架化石

建设气龙 >>>

建设气龙是气龙家族的代表，身长4米，高2米，有大而轻巧的头，脖子短，尾巴长，奔跑速度快，喜欢捕食素食恐龙和其他小动物。

侏罗纪公园

最早被命名的恐龙——斑龙

斑龙又名巨龙、巨齿龙，是一种大型肉食性的兽脚类恐龙，它生存于1.8亿~1.6亿年前侏罗纪中期的欧洲。自从斑龙的化石被发现之后，到目前已挖掘出了许多，但没有发现完整的斑龙骨骼化石。所以，斑龙的外表细节仍无法确定。

身体特征 >>>

斑龙的身长约为9米，体重约1吨，长尾巴可平衡身体与头部。从其颈椎显示，它们有非常灵活的颈部，后肢粗壮且充满肌肉，以支撑它们的重量。如同所有的兽脚类恐龙一样，斑龙的每个后肢上有3个向前的趾和1个向后的趾。

斑龙复原图

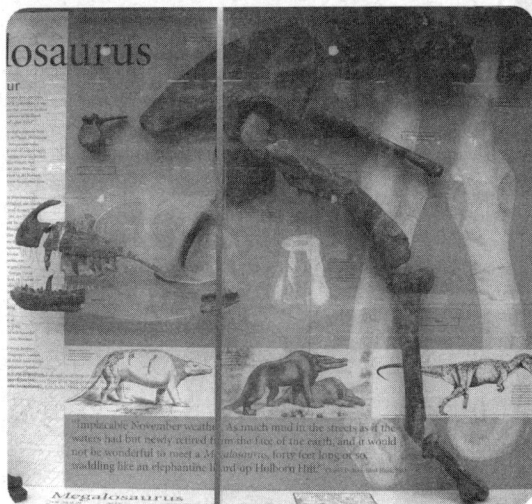

捕食 >>>

锋利的爪子是斑龙捕食猎物的主要武器。人们通过斑龙足迹化石的分析，认为它们通常采用小规模的集体狩猎方式，来捕食剑龙和大型的蜥脚类恐龙。过去曾认为斑龙猎食禽龙，但因为禽龙的化石发现于白垩纪早期的地层，所以斑龙不可能以禽龙为食。

斑龙的标本，位于牛津大学自然历史博物馆。

最早被叙述的恐龙

1676 年，在英国牛津附近的一处石灰岩采石场发现了部分动物的骨头，1677 年，普洛特对这些骨头进行了描述，认为这些骨头过大，应该不属于任何已知物种。后来这些骨头得到确认，它们属于斑龙的股骨。

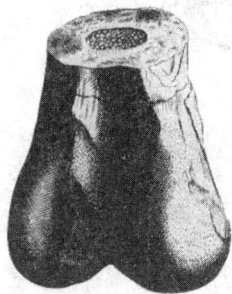

波尔蒂所绘的
斑龙股骨末端

note 知识小笔记

1997 年，在英国牛津东北 20 千米处的阿德利石灰岩采石场发现了著名的斑龙足迹化石，后来，这些足迹化石部分被复制下来，并送到牛津大学自然历史博物馆中展出。

斑龙是第一种被描述的恐龙

"采石场的大蜥蜴"

1822 年，曼特尔夫妇发现了禽龙化石，就在禽龙被鉴定的期间，英国地质学家巴克兰却在 1824 年率先发表了世界上第一篇有关恐龙的科学报告，报道了一块在采石场采集到的恐龙下颌骨化石。巴克兰认为这是一种新型的爬行动物，并为之命名为斑龙，而"斑龙"的拉丁文原意是"采石场的大蜥蜴"。

斑龙的右下颌绘画，取自威廉·巴克兰 1824 年的著作。

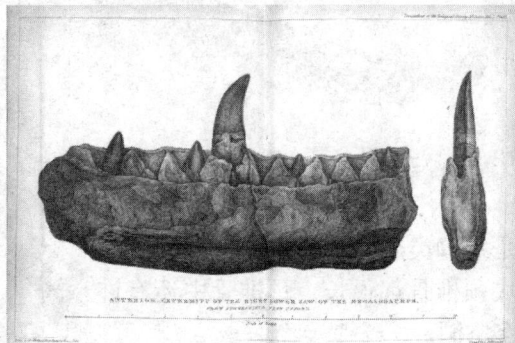

侏罗纪公园

长脖子恐龙——马门溪龙

马门溪龙是目前我国发现的最大的蜥脚类恐龙，它最早的标本于 1957 年发现于四川省宜宾市马门溪渡口，因此而得名。马门溪龙生活在距今 1.5 亿~1.4 亿年前的侏罗纪晚期，当时，它广泛分布在东亚地区。

脖子最长的动物

马门溪龙是曾经生活在地球上脖子最长的动物，最大个体的体长可达 30 多米，而脖子则占体长的一半。它的脖子由长长的、相互叠压在一起的颈椎支撑着，因而十分僵硬，转动起来十分缓慢。脖子上的肌肉相当强壮，支撑着自己的小脑袋。

马门溪龙四足行走，又细又长的尾巴拖在身后。在交配季节，雄马门溪龙在争夺雌性伴侣的战斗中会用尾巴互相抽打

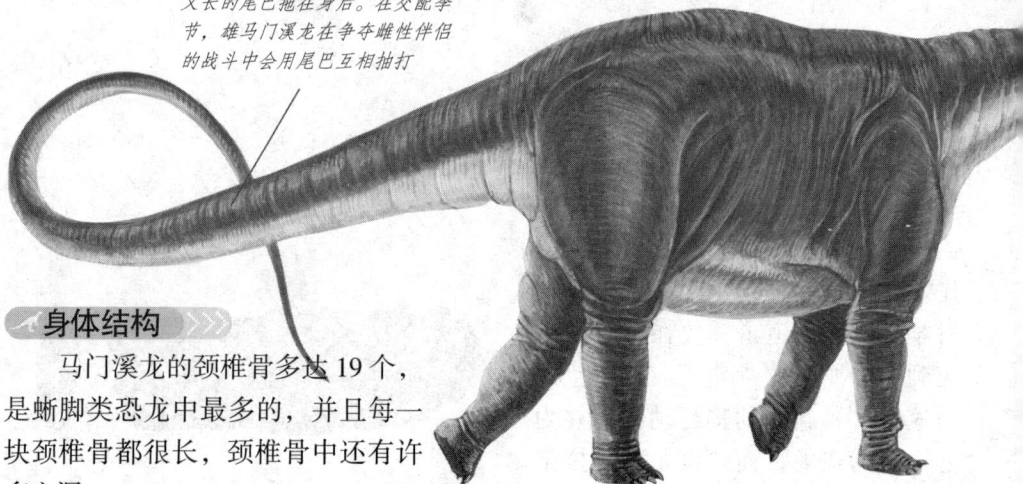

身体结构

马门溪龙的颈椎骨多达 19 个，是蜥脚类恐龙中最多的，并且每一块颈椎骨都很长，颈椎骨中还有许多空洞。

亚洲第一龙

2006 年 8 月，科学家在新疆奇台县发掘出一具马门溪龙化石，测量其体长达 35 米，仅脖子就长 15 米，是名副其实的"亚洲第一龙"。1987 年曾在同一地点发掘出马门溪龙，体长约 30 米，被命名为中加马门溪龙，其化石现藏于北京自然博物馆。

生活环境

马门溪龙生活的地区覆盖着广阔而茂密的森林，到处生长着红木和红杉树。成群结队的马门溪龙穿越森林，用它们小的、钉状的牙齿啃吃树叶以及别的恐龙够不着的树顶的嫩枝。

其他长脖子恐龙

1994 年，在美国发现的波塞东龙，颈部长达 11.5 米，而之前发现的超龙，颈部长度则一般在 13~14 米之间。马门溪龙在蜥脚类恐龙演化史上属中间过渡类型，为蜥脚类恐龙繁盛时期的早期种属，在侏罗纪末期全部灭绝。

井研马门溪龙，位于北京自然博物馆。

侏罗纪公园

探秘白垩纪

白垩纪是个伟大的变革时代，始于距今 1.46 亿年前，结束于距今 6500 万年前。这一时期。地球上经历了沧海桑田的变化，大陆漂移使大陆彼此间的联系中断，动物不再可能从一块大陆迁移到另一块大陆，这就导致了恐龙在进化上的地区差异。作为中生代最后的一个纪，白垩纪见证了恐龙最后的繁盛和衰亡。

猎杀机器——霸王龙

在 距今 6500 万年前的白垩纪晚期，恐龙统治地球的时代已经接近尾声。然而，此时却出现了地球上有史以来最大的陆生肉食动物——霸王龙，它凶狠、残暴，最早发现它的人们给它起了暴君蜥蜴这个名字。但是，我们还是习惯称它为霸王龙。

身体特征 >>>

霸王龙的体长可达 14 米，重约 10 吨，仅头部就长约 1.3 米，身高超过两层楼房。强而有力的腭部上长有锯齿边缘的牙齿，有些牙齿长达 16 厘米。它的颈部短粗，前肢短小，后肢强健粗壮，尾巴不算太长，可以向后挺直以平衡身体。

霸王龙是最声名显赫的恐龙

note 知识小笔记

霸王龙主要生活在北美洲，另外在我国山东、新疆、河南和云南等地也发现过部分化石。

退化的前肢 >>>

和粗壮的后肢比较起来，霸王龙的前肢非常短。古生物学家认为，这可能由于霸王龙只用大嘴捕猎，前肢很少使用，因而渐渐变短变小，也因此演变成由后肢站立、前肢退化的奇异的身体结构。

正在捕
猎的霸王龙

捕猎高手 ⟫⟫

霸王龙奔跑时的速度可达每小时 29 千米，良好的视力和灵敏的嗅觉使它能更好地捕食猎物。它经常出没于旷野和森林，发现猎物后就会发动猛烈攻击。它的嘴巴是主要的武器，用来搏斗和杀死猎物，必要时它可以用强大的后肢踩住猎物，然后把猎物一块一块撕裂吞食。

霸王龙逐渐
退化的前肢

发现最早的化石 ⟫⟫

1902 年，美国恐龙化石采集家巴纳姆·布朗，在美国蒙大拿州的黑尔溪发现了一具巨型的肉食动物骨骼。之后的两个夏天，他相继从坚硬的砂岩中挖掘骨架。由于骨头相当沉重，于是他制造了一种用马匹拖拉的专用雪橇，这才把骨头运到附近的公路。而他所发现的这具巨大骨骼就是第一具霸王龙的骨骼。

探秘白垩纪

长角的猛兽——食肉牛龙

食肉牛龙又名牛龙，它生活于白垩纪早期，是非常著名的兽脚类肉食恐龙。它的骨骼化石在南美多处地点被发现，特别是在阿根廷巴塔哥尼亚平原发现的骨架非常完整，甚至在化石上还看到了皮肤的痕迹。

食肉牛龙复原图

身体特征 >>>

作为占据当时南美生物圈食物链顶端的巨型掠食动物，食肉牛龙体长7~8米，其前肢非常短小，甚至比霸王龙的前肢更短，但它的后肢粗壮，趾端长有利爪。

独特的骨质角 >>>

食肉牛龙长着颗巨大的头颅，其眼睛上方还长着一对骨质的像牛角一样的东西。科学家目前还不能确定这两个角到底有什么作用，因为它们非常短，根本无法作为攻击的武器，也许这对角只是它用来炫耀自己或吓唬对方的装饰品。

一对骨质角使食肉牛龙的头部特征非常突出

矫健的尾巴 »»»

如果没有尾巴，食肉牛龙绝不能高速运动。运动时，食肉牛龙用它那长长的、矫健的尾巴保持平衡。这条尾巴可以使食肉牛龙的头向前伸，有利于捕获挣扎的猎物。

note 知识小笔记

在麦可·克莱顿的小说《失落的世界》中，食肉牛龙被作者添加了根据所处环境改变外表颜色的能力，类似变色龙或章鱼，但还没有证据显示食肉牛龙具有变色的能力。

长长的尾巴是食肉牛龙捕食的有力武器

珍贵的化石 »»»

1985 年，在巴塔哥尼亚发现了一具完整的食肉牛龙骨架和它的一些皮肤化石。科学家根据化石判断，在食肉牛龙的身上，沿脊椎从头到尾生有成行的锥形隆起，在这些骨质的隆起上覆盖着非常华丽的圆形鳞片。

科学家的猜测 »»»

食肉牛龙的头骨结构表明其头部肌肉发达，但是其腭及下颌骨则不如其他巨型肉食恐龙那样强有力，有学者甚至认为这样的下腭不但不能与其他恐龙争夺、打斗，甚至连捕食大型素食恐龙都比较困难。此外，食肉牛龙虽有血盆大口，但牙齿却比较细小而紧密，所以科学家怀疑它很可能也以腐肉为食。

食肉牛龙的骨骼模型

探秘白垩纪

敏捷的捕食者——迅猛龙

迅猛龙又名伶盗龙、速龙，它属于兽脚类恐龙，生活于白垩纪晚期。1922 年，科学家在蒙古的戈壁沙漠中发现了第一具迅猛龙的化石标本；两年后，科学家确定该标本属于一种肉食恐龙后，将它命名为蒙古迅猛龙。

身体特征

成年迅猛龙体长 1.5~2 米，体重推测约 15 千克，其头颅骨长达 25 厘米，口鼻部向上翘起。它的牙齿带有锯齿，这特征证明它们可能经常捕捉行动十分迅速的猎物。迅猛龙的大脑较大，属于非常聪明的恐龙。

著名的利爪

迅猛龙依靠后肢的第三、第四趾行走，而第二趾可以向上收起离开地面，上有大型镰刀状的趾爪，这是它们出名的重要原因。这些趾爪的外缘长度可达 65 毫米，是可怕的攻击武器，可能用来撕开猎物。

迅猛龙复原图

迅猛龙的骨架

具有羽毛

根据 2007 年的《科学》杂志，古生物学家在一个迅猛龙化石的前臂上发现了6个羽茎瘤。鸟类骨头上的羽茎瘤用来固定羽毛，而迅猛龙骨头上的羽茎瘤则明确显示它们也具有羽毛。迅猛龙不会飞行，它的羽毛可能用作展示物，或孵蛋时覆盖蛋巢，或是用作奔跑时提高速度。

生活习性

雨季来临时，许多动物都处于繁殖期。这时，迅猛龙会结成小群，常常在小猎物频频出没的沙丘、林地边缘或固定水源处埋伏。到了旱季，猎物渐渐稀少，它们往往集聚成大群，以便捕杀大猎物。

note 知识小笔记

迄今为止，共有至少12具迅猛龙的骨骼化石被发现。目前迅猛龙的绝大多数标本发现于蒙古国与中国的内蒙古。

蒙古的国宝

第二次世界大战后，波兰探险队在蒙古发现了许多迅猛龙化石标本，其中最著名的是在1971年所发现的"搏斗中的恐龙"，该化石保存了一只迅猛龙和一只原角龙搏斗的场景。这个标本被蒙古视为国家级的宝藏。

"搏斗中的恐龙"标本

探秘白垩纪

非洲最大的肉食恐龙——鲨齿龙

鲨齿龙又名望齿龙，生活于9800万~9300万年前的白垩纪，是目前在非洲发现的最大的肉食恐龙。鲨齿龙的拉丁文意思是"像吃人鲨般的恐龙"，它的这个名字出现于1931年，但直到20世纪90年代的发现才使科学家了解到这种恐龙的真面目。

身体特征 >>>

鲨齿龙是迄今发现的大型的肉食恐龙之一。成年鲨齿龙的体长可达14米，其巨大的头骨就有1.6米长，因此，古生物学家曾一度认为鲨齿龙的头骨是兽脚类恐龙中最长的。鲨齿龙的颅腔及内耳结构很像鳄鱼。它的牙齿又薄又利，很像鲨鱼的牙齿。

note **知识小笔记**

鲨齿龙的化石主要分布在北非各国，包括埃及、摩洛哥、突尼斯、阿尔及利亚、利比亚和尼日尔等。

鲨齿龙复原图

鲨齿龙的头骨化石

巨大的头骨 >>>

虽然鲨齿龙的头骨比霸王龙还要长，而且最新发现的鲨齿龙的头骨长达1.75米，但是目前最长的头颅骨属于鲨齿龙的近亲南方巨兽龙，估计可达1.95米。鲨齿龙、霸王龙、南方巨兽龙被称为三种最大的兽脚类恐龙。

鲨齿龙的智力

鲨齿龙的头骨虽然大，但它的大脑只有霸王龙大脑的一半大。科学家根据化石分析认为，鲨齿龙的智力比较接近鳄类，但不如虚骨龙类和鸟类。

撒哈拉鲨齿龙的生活复原图

最初的发现

鲨齿龙化石最先于 1927 年在北非被发现。最初，它被编入斑龙之内，并命名为撒哈拉斑龙，但 1931 年，古生物学家又建立了鲨齿龙属，并沿用至今。他们命名鲨齿龙的原因是它有着像噬人鲨的牙齿，几乎是两边对称而并非弯曲。

探秘白垩纪

危险的杀手——恐爪龙

恐爪龙是体型轻巧、奔跑快速的兽脚类肉食恐龙，它生活于距今 1.2 亿~0.9 亿年前的白垩纪早期。科学家研究其化石发现，恐爪龙是专为速度和屠杀而生的恐怖生物，它是当时素食恐龙最危险、最凶恶的敌人。

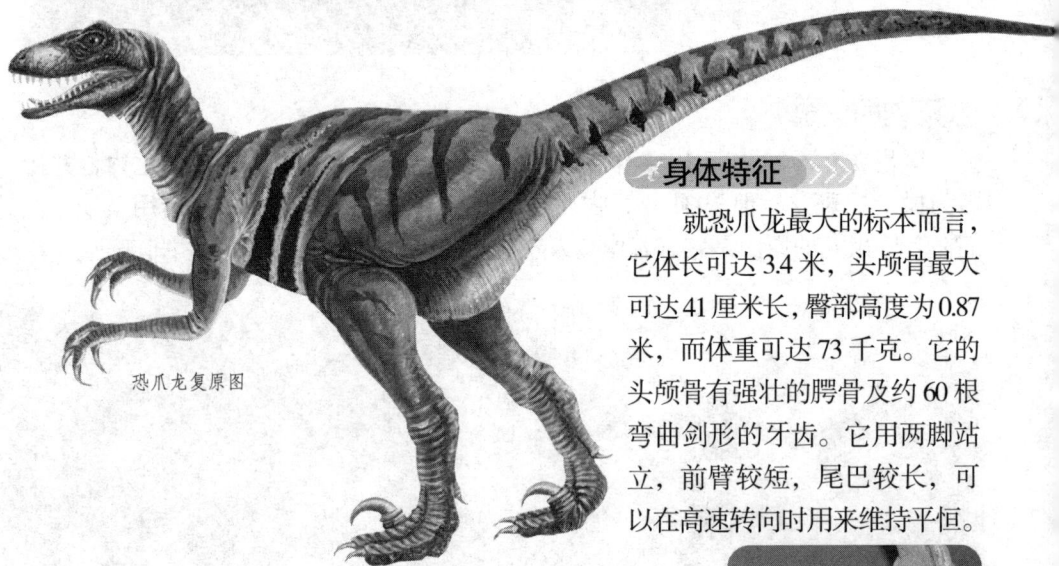

恐爪龙复原图

身体特征

就恐爪龙最大的标本而言，它体长可达 3.4 米，头颅骨最大可达 41 厘米长，臀部高度为 0.87 米，而体重可达 73 千克。它的头颅骨有强壮的腭骨及约 60 根弯曲剑形的牙齿。它用两脚站立，前臂较短，尾巴较长，可以在高速转向时用来维持平恒。

知识小笔记

在我国发现了恐爪龙的近亲中国鸟龙和小盗龙，它们的遗骸被发现时都有像羽毛的结构，所以恐爪龙也可能有羽毛。

爪子

恐爪龙的每个前肢上有 3 个带着尖长爪子的指，拇指最短，第二指最长。每个后肢有 4 个趾，第二趾都有镰刀般的利爪，长度约 13 厘米，这个利爪可以向前刺戳并向下割，来撕破猎物。

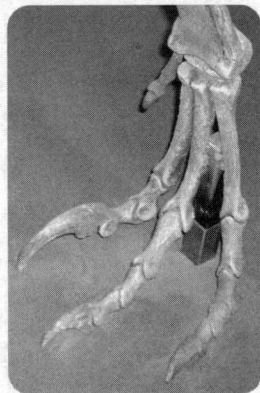

正准备捕食的恐爪龙

不寻常的猎食者

恐爪龙非常聪明，它们成群打猎，奔跑起来非常迅速，是最不寻常的掠食者。它们有一套独特的捕杀本领：一只脚着地，另一只脚举起镰刀般的爪子，加上前肢利爪的配合，很容易将猎物开膛破肚，一下子置于死地。

化石发现地

恐爪龙的第一具化石于 1931 年在美国蒙大拿州南部被发现。后来，在怀俄明州以及俄克拉荷马州都发现过恐爪龙的化石。此外，马里兰州大西洋沿岸平原地带发现的化石可能属于恐爪龙的牙齿。

捕食中的恐爪龙

探秘白垩纪

吃鱼的恐龙——重爪龙

重爪龙又名坚爪龙，意为"沉重的爪"，它属于肉食恐龙，生活于距今 1.30 亿~1.25 亿年前的白垩纪早期。在这一时期发现的恐龙化石中，重爪龙是体型最大的一类，其化石在英格兰和西班牙北部都有发现。

note 知识小笔记

由于重爪龙的头颅骨化石被发现，所以古生物学家能从这单一的重爪龙标本做出许多推论。

身体特征

重爪龙体长约 8.5 米，体重约 1700 千克。骨骼研究显示最完整的标本并非成年重爪龙，所以重爪龙可能体型更大。重爪龙头部扁长，口中长满细齿，前肢强壮，有 3 个强有力的指，特别是拇指粗壮巨大，长有一个超过 30 厘米长的钩爪。

重爪龙复原图

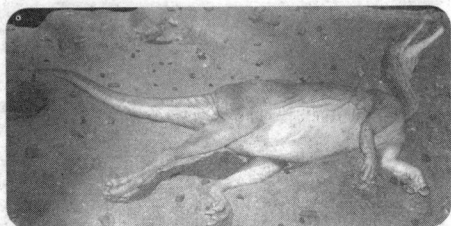

在伦敦自然历史博物馆，重爪龙被重组。

长颌

重爪龙的长颌和鳄鱼类似，下颌有 64 颗牙齿，上颌有 32 颗较大的牙齿，共 96 颗，比鳄鱼多出一倍。它上颌的前端下缘有一个转折段，就像鳄鱼用作阻止猎物逃脱的特征。鼻端可能还有一小型的冠状物。

吃鱼的恐龙

重爪龙是目前已知唯一吃鱼的恐龙，人们在其胸膛内发现了大型鳞齿鱼的鳞片化石。重爪龙长而低矮的口鼻部、狭窄颌部、锯齿状牙齿以及像钩子般的爪都适合捕食鱼类。它抓到鱼后，用嘴叼住，然后带到蕨类树丛中去慢慢享用。

生活环境

在白垩纪早期，现在欧洲的大部分地方被韦尔登湖覆盖着，冲积平原和三角洲分布于现在的伦敦地区，重爪龙就是在这些过去的三角洲中被发现的。

1983 年 1 月，人们在英国发现了一套巨型的恐龙化石，这套骨骼被交与伦敦自然历史博物馆。1986 年，人们将这些化石命名为重爪龙，目前已挖出骨骼的 70%，其中包括头骨。

探秘白垩纪

最丑陋的恐龙——肿头龙

肿头龙的头骨顶部非常厚，像肿起来一般，所以起名肿头龙，它生存于白垩纪末期的山地丘陵和沙漠中，这样的地形不利于化石的形成，所以，这类恐龙的化石发现较少。目前，它的化石主要分布在美国的蒙大拿州、南达科他州和怀俄明州。

身体特征 >>>

因为目前只发现了肿头龙的颅骨，所以还不清楚它的生理结构。科学家推测它可能是两足恐龙，体长约4.5米，重约1.5吨，拥有相当粗短的颈部、短前肢、长后肢以及可能由骨化肌腱支撑的尾巴。

note 知识小笔记

古往今来，还没有任何动物的头骨能和肿头龙相比，即使是20米长的马门溪龙的头盖骨厚度也只有1厘米。

以人类的眼光，肿头龙怪异的头型足以赢得最丑陋恐龙的称号。

著名的颅骨 >>>

肿头龙因为大型的骨质颅顶而著名，其厚度可达25厘米，可安全地保护脑部。颅顶后方有骨质瘤块，而口鼻部有往上的短骨质角。它具有喙状的嘴，眼窝很大，呈圆形，这显示出其具有良好的视力。

生活习性

肿头龙可能喜欢过群体生活。成年雄性个体通过撞头确定群体的领袖。在繁殖季节，它们也可能以这种方式决出胜负，胜者与雌性个体交配。不过肿头龙的厚头部并不能帮助它抵抗掠食者的袭击。肿头龙有敏锐的嗅觉和视觉，当发现敌人时，会快速逃离。

群体生活是许多种恐龙生存下来的重要保证

肿头龙的食物

由于肿头龙的牙齿比较锐利，并有锯齿，所以不能嚼烂纤维丰富的坚韧植物。科学家判断，肿头龙的食物包括植物种子、果实和柔软的叶子等，甚至还有昆虫。

肿头龙的近亲

肿头龙是肿头龙科中最著名的成员，除肿头龙外，还有冥河龙、倾头龙、剑角龙、平头龙、小头龙等10多种恐龙。

探秘白垩纪

牙齿最多的恐龙——鸭嘴龙

鸭嘴龙生存于距今约8000万年前白垩纪晚期，当时是两足行走恐龙发展的顶峰时期，鸭嘴龙的数量很多，在素食恐龙中约占75%。1858年，人们发现了第一副鸭嘴龙的骨骸。

生活环境 >>>

鸭嘴龙生活于地球历史上动荡的时代，陆地面积在扩大，到处都有低洼的沼泽和湖泊。此时，出现了被子植物，地球上除了苏铁、松柏、银杏等典型的中生代植物群落外，还出现了木兰、柳、桦木、栎树等落叶树，被子植物开始居于统治地位。这样的自然环境特别适合素食恐龙的大发展，鸭嘴龙就是其中的一大类。

鸭嘴龙一般体长7~15米，高达3米，重量约7吨。右图为鸭嘴龙的复原图。

身体特征 >>>

鸭嘴龙头骨的前部和下颌骨向前延伸，形成了扁而阔的嘴，在嘴的前面有角质的喙，与鸭子的嘴十分相似，所以叫作鸭嘴龙。鸭嘴龙有一双大而圆的眼睛，视力很好，能对肉食恐龙保持高度戒备。

生活习性

鸭嘴龙主要以柔软植物、藻类为食，偶尔也吃软体动物。平时，鸭嘴龙四足行走，但在遇到敌人时会用两足奔跑，它的前肢各指之间有蹼，有利于在水中运动。

鸭嘴龙是北美最早发掘的一种恐龙。右图为鸭嘴龙的骨架化石。

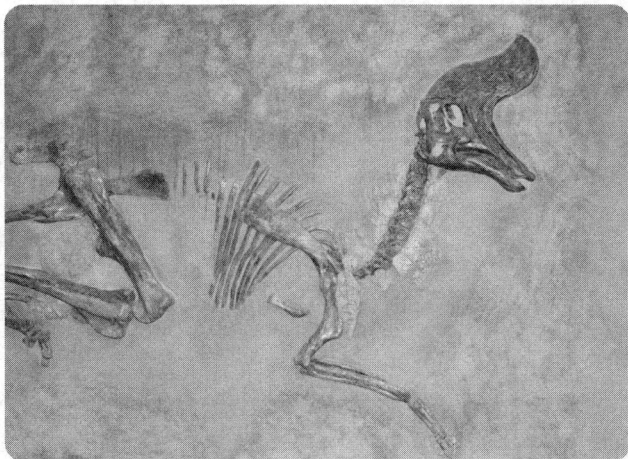

众多的牙齿

鸭嘴龙的主要特点之一，是它们颌骨的上下左右都有牙齿，牙齿最多可达 2000 颗。当旧的牙磨光了，新的牙又长出来补充。

鸭嘴龙的家族观念很强，成年鸭嘴龙会很好地保护它们的巢穴，并给幼龙喂食。

独特的顶饰

有些鸭嘴龙头上平平的，没有什么特别的装饰，有些鸭嘴龙头上却长着冠状的突起。人们把这种形状不同的突起叫顶饰，它是由头上的鼻骨或额骨形成的，从鼻孔进入的空气要在这个顶饰里绕一个圈子，再进入气管和肺部。

note 知识小笔记

发现于我国山东的棘鼻青岛龙是有顶饰的鸭嘴龙类，而巨型山东龙是平头鸭嘴龙的代表。除此之外，我国的内蒙古、宁夏、黑龙江、新疆、四川等地均曾发现不少鸭嘴龙化石。

探秘白垩纪

戴头盔的恐龙——盔龙

盔龙又名冠龙、鸡盔龙、盔头龙或盔首龙，它生活于 8000 万～6500 万年前的白垩纪晚期，是鸭嘴龙类中最著名的恐龙，属于兰伯龙中的一种。它的化石主要发现于加拿大和美国。

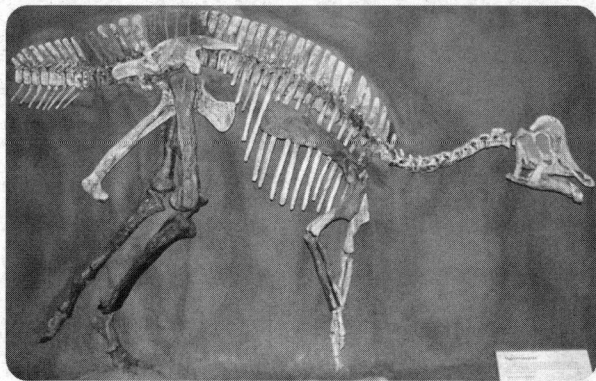

盔龙的骨架

身体特征

盔龙属于大型恐龙，它的体长可达 10 米，体重约 4 吨，头上有一个中空的鸡冠般的头冠，与鼻孔相通。据说头冠内有发达的嗅觉细胞，所以盔龙的嗅觉很灵敏。它的喙里一颗牙也没有，但嘴里有上百颗牙齿。盔龙的前肢较短，尾巴又粗又长。

盔龙的头饰

头饰

盔龙头饰的大小不一，科学家研究认为，较小的头盔属于年轻的或雌性个体，较年幼的盔龙几乎没有头饰，只是在它的眼睛上方有一个小小的突起。由于它们头饰的形状各不相同，使得这一家族成员的鸣叫声也各种各样。

由于盔龙有蹼，它曾一度被认为大部分时间是生活在水中的。但是，后来发现这些所谓的蹼，其实是漏气的软垫，如同现今很多的哺乳动物。

生活习性 ▶▶▶

盔龙成群居住，而且很可能会游泳，它们跑得也很快。平时，盔龙只用后肢行走，进食时则用较短的前肢来支撑身体，然后将细枝、树叶和松针用没牙的喙咬断，然后放入后面成排的牙齿间磨碎。

防御 ▶▶▶

盔龙身上没有盔甲、棘刺和利爪，它们只能依靠敏锐发达的视觉和听觉器官去预防不测。盔龙还非常喜欢炫耀自己与众不同的头饰和独特的鸣叫声。这些显眼的特征很可能是为了吓唬对方，使对方在决定向自己发动进攻前，三思而行。

note 知识小笔记

目前，有超过 20 个盔龙的头颅骨被发现。盔龙的皮肤化石痕迹显示它们身上可能有花纹。

沉入海底的化石 ▶▶▶

1912 年，首个盔龙标本在加拿大艾伯塔省被发现，其中还保存了盔龙的皮肤化石。1916 年，这些标本连同其他化石从省立恐龙公园被一同运往英国。但运送的船只被德国的武装袭击舰击沉，有 7500 万年历史的化石就此沉入北大西洋的海底。

盔龙复原图

探秘白垩纪

恐龙中的好妈妈——慈母龙

以前人们一直认为恐龙和今天的爬行动物一样，都是一生下蛋就走开，不会像哺乳类和鸟类一样照顾自己的幼崽。然而在1978年，科学家发现有一种恐龙竟会照顾并喂养小恐龙，于是便将之命名为慈母龙。

好妈妈 >>>

慈母龙的学名意为"好妈妈蜥蜴"。它是一种大型鸭嘴龙类恐龙，生存于距今7400万年前的白垩纪晚期。目前已发现超过200个各种年龄段的慈母龙标本，主要分布在美国和加拿大。

慈母龙属于群居动物，它们的群体非常庞大，最多时可能有上万只慈母龙生活在一起。它们有着奇特的外表，体长约7米，体重约4吨，并拥有典型鸭嘴龙科的平坦喙状嘴以及厚鼻部。慈母龙的眼睛前方有小型、尖状冠饰。冠饰可能用在求偶季节，用于物种内打斗行为。

科学家通过研究慈母龙的幼体化石，发现它们的发育并不完全，还不能行走，牙齿也有一些磨损，这就意味着慈母龙父母要将食物带回巢穴喂养幼崽。

抚养幼崽

慈母龙的父母将腐烂中的植物放入巢穴中，利用腐烂产生的温度来孵化蛋，而并非父母坐在巢穴中孵化。孵化出的幼崽可能在一年后离开巢穴。

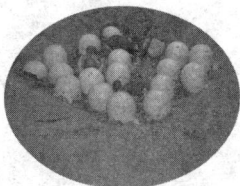

慈母龙巢穴中的蛋和刚孵化出的幼崽

巢穴

它们的蛋在巢穴里集中孵化。这些巢穴由土壤堆积而成，中间包含30~40颗蛋，以圆形或螺旋状排列。这些蛋与鸵鸟蛋的大小差不多。

生活习性

慈母龙是素食恐龙，以树叶、浆果和种子为食。它们平时用四条腿走路，跑步时则用两条腿。除了具有强壮的尾巴和采取集体行动的策略，慈母龙没有任何抵御掠食者的武器。

note 知识小笔记

慈母龙与惧龙、艾伯塔龙等恐龙生存在一起，是后期存活的恐龙之一。

探秘白垩纪

角最多的恐龙——戟龙

戟 又名刺盾角龙，生存于距今 7650 万~7500 万年前的白垩纪晚期，属于角龙类恐龙。戟龙与其他角龙的显著区别就在颈盾上，戟龙的颈盾边缘长着一圈剑一样的骨棘，活像古代战将背后插的一排"画戟"，非常威武。

发现化石

戟龙的第一个化石是由查尔斯·斯腾伯格在加拿大艾伯塔省的恐龙公园所发现，并由劳伦斯·赖博在 1913 年命名。在 1935 年，皇家安大略博物馆的工作人员重新来到恐龙公园并发现了遗失的下腭与骨骸的大部分。

note 知识小笔记

科学家认为戟龙与其近亲的大型颈盾也有可能有助于增加身体的表面积，以利于调节体温。

戟龙是种大型恐龙，体长 5.5 米，高约 1.8 米，重量约 3 吨。它的四肢和尾巴较短，身体非常笨重。

生活习性

戟龙是群居动物，当初，它们漫游在北美的大平原，用像鹦鹉那样弯曲的喙嘴，切割采食植物的树叶。有些科学家认为它们以棕榈科或苏铁为食，而有些科学家则认为它们以蕨类为食，还有的认为戟龙会用身体撞倒开花植物，以树叶与树枝为食。

戟龙的头颅巨大，有大型鼻孔和高大的鼻角，颈盾上有4~6个尖角，数量依物种而不同。右图为艾伯塔戟龙复原图。

防御和进攻

戟龙的防御和进攻能力都很强，角和颈盾的骨刺都像一把把利剑，是反守为攻的可怕武器，足以使任何凶猛的捕食者胆战心惊。在同肉食恐龙搏斗时，戟龙只要把头从下往上使劲一抬，数把"利剑"就会立刻刺进迎面扑来的侵犯者的皮肉里。

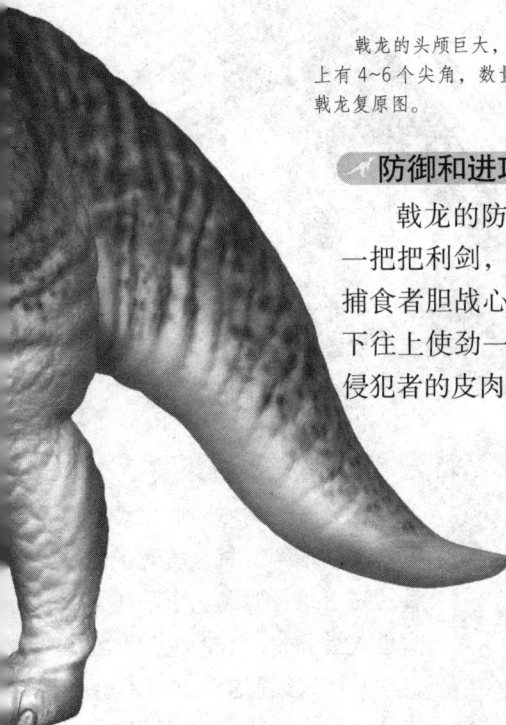

位于美国自然历史博物馆的艾伯塔戟龙的头骨侧面

被冤枉的恐龙——窃蛋龙

窃蛋龙又名偷蛋龙，是发现于蒙古的一种小型兽脚类恐龙。它生活在距今7500万年前的白垩纪晚期。窃蛋龙的名字只是人类主观猜测而定的名字，而可怜的窃蛋龙却因此而背上了一个莫须有的罪名。

名字的由来

1923年，古生物学家在蒙古大戈壁上发掘化石时发现了一具恐龙骨架正趴在一窝原角龙的蛋上（后来证明是窃蛋龙自己的蛋）。当时的科学家认为它正在偷别的恐龙的蛋，于是就给它起了个很不好听的名字，叫窃蛋龙。

窃蛋龙的奔跑速度较快，它一旦被敌人发现，就会飞速逃离。

无法为窃蛋龙正名

1990年，中外科学家在内蒙古联合考察时，发现了完整的窃蛋龙骨架，它正卧在一窝恐龙蛋上面，很像是在孵蛋。科学家还根据窃蛋龙的喙部结构认为窃蛋龙并不偷窃其他恐龙蛋，反而还有孵蛋的功能，但是，根据命名原则，窃蛋龙的名字是不能改变的。

身体特征

　　窃蛋龙体型较小，体长1.8~2.5米，在它的鼻骨上方有骨质的突起。可能由于雌雄差异，部分种类的窃蛋龙头骨上还有顶饰。它们的前肢有爪状的三个指头，后肢粗壮有力，嘴呈喙状，形同鸟嘴那样向下弯曲呈弧形。甚至很多幻想图中，窃蛋龙身上还披着羽毛。

生活习性

　　古生物学家根据窃蛋龙的化石推测，它除了食用有限的植物果实以外，也会利用喙部十分坚硬的骨质尖角很容易地刺穿软体动物的外壳，所以它可能是一种杂食恐龙。

孵化行为

　　窃蛋龙喜欢群体生活在一起，而且自己进行孵化抚育活动。成年的窃蛋龙把蛋产在用泥土筑成的圆锥形的巢穴中。巢穴的直径一般为2米，每个巢穴相距7~9米远，有时它们会用植物的叶子覆盖在巢穴上，让植物在腐烂过程中产生孵化所需的热量，进行自然孵化。

note 知识小笔记

　　窃蛋龙是最像鸟类的恐龙，尤其是它胸腔的每个肋骨上都有个突起物，可使胸腔更坚牢，这是典型的鸟类特征。

探秘白垩纪

最著名的角龙——三角龙

作为角龙类的"代表人物"，三角龙是恐龙史上知名度仅次于霸王龙的一种奇特恐龙，它长着怪异的角和长长的颈盾，粗壮的身体使得霸王龙对它也畏惧三分。三角龙学名的意思是"长着三只角的脸"，它是角龙家族中最出名的一类成员。

三角龙头部的前面

最晚出现的恐龙

三角龙的化石发现于北美洲的白垩纪晚期，距今6800万~6500万年前。三角龙是晚期出现的恐龙之一，经常被作为白垩纪晚期的代表化石。

note 知识小笔记

第一个被命名为三角龙的标本，1887年发现于美国科罗拉多州丹佛市附近，由一个头颅骨顶部和附着在上面的一对额角所构成。

身体特征

三角龙的体型是角龙类中比较大的一类，它的外形看起来更像是长着褶边的犀牛，体长6~10米，高2.9米，体重大约12吨。它额上的两只尖角长约102厘米，第三只从鼻后伸出的角较短，但非常厚重。

三角龙也是非常著名的一类恐龙

生活习性

这些笨重的素食恐龙过着群居的生活，在北美洲温暖、有微风的森林中四处漫游。其众多的牙齿，显示它们以体积大的有纤维植物为食，其中可能包含棕榈科与苏铁，而有些科学家认为还包含草原上的蕨类。可以确信的是，三角龙被激怒后会以每小时 15 千米的速度奔跑。

三角龙正在恐吓来到巢穴的不速之客

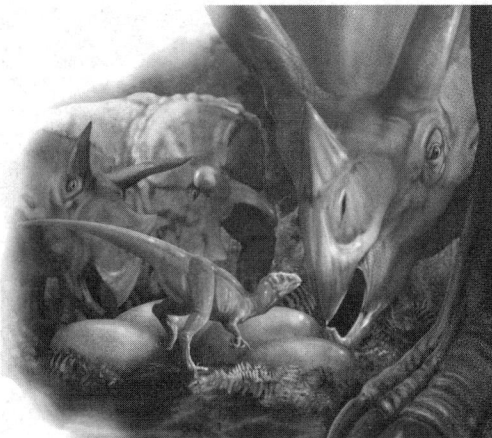

角的功能

长久以来，关于三角龙三根角以及颈盾的功能一直有争论。传统上，这些结构被认为是用来抵抗掠食者的武器，但最近的理论认为这些结构可能用在求偶以及展示支配地位，如同现代驯鹿、山羊的角状物。

探秘白垩纪

披甲戴胄的恐龙——萨尔塔龙

在白垩纪晚期，蜥脚类恐龙的地位已经不如往昔了，它们的领地被禽龙、甲龙、角龙等占据。但是蜥脚类恐龙家族有的成员仍然漫步在这个星球上，这就是萨尔塔龙。它的名字取自于阿根廷北部的萨尔塔省，这也是首次发现它们化石的地点。

有骨板的蜥脚类恐龙

萨尔塔龙是高度演化的蜥脚类恐龙，它们生存于7500万~6500万年前。1980年，科学家首次发现它们的化石时，看到其身上有骨板，于是古生物学家开始重新思考蜥脚类恐龙的定义，猜测其他蜥脚类恐龙可能也有骨板，例如阿根廷的拉布拉达龙。

萨尔塔龙可能利用长长的后肢抬起自己的身体，灵活的尾巴可作为支撑，协助它在高处采食。

身体特征

萨尔塔龙体长12米，比一辆公共汽车还要长，髋部至地面约3米，拥有鞭子一样的长尾巴，体重约7吨。

甲胄的保护

萨尔塔龙的体表散布着像甲龙一样的圆形骨质甲板，在这些甲板之间生长着数百个坚硬的小纽扣状饰物，小的如手指大，大的如成人的手掌。它们有助于增强萨尔塔龙的自我保护能力。

note 知识小笔记

在发现萨尔塔龙之前，科学家认为，蜥脚类恐龙以自身巨大的体型作为防御手段。

如同所有蜥脚类恐龙，萨尔塔龙也是素食恐龙。

北美古生物博物馆中的萨尔塔龙蛋

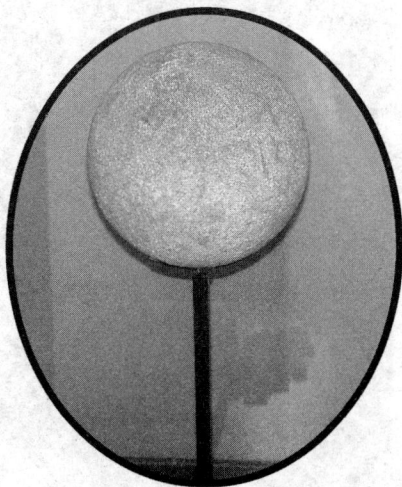

新的发现

1997 年，科学家在阿根廷巴塔哥尼亚地区发现了一个大型恐龙蛋巢。这些恐龙蛋长度为 11~12 厘米，内部有石化的胚胎，这些完整胚胎显示皮肤痕迹，但无法显示是否有任何真皮组织或是羽毛。这些恐龙蛋被认为属于萨尔塔龙。

探秘白垩纪

最聪明的恐龙——伤齿龙

伤齿龙是一种小型兽脚类恐龙，科学家曾一度认为它是鸟臀类唯一的肉食恐龙，但现在了解到它实际上是蜥臀类恐龙。伤齿龙生存于距今7600万~6500万年前的白垩纪晚期。它的化石于1855年被发现，是北美洲较早发现的恐龙之一。

身体特征

伤齿龙身长约2米，高1米，体重约60千克。它拥有较大的眼睛和非常修长的四肢，这显示它可以快速奔跑。伤齿龙还拥有较长的前肢，可以像鸟类一样往后折起。它的第二脚趾上拥有大型、可缩回的镰刀状趾爪。

伤齿龙最初被认为主要以小型动物为食，例如无脊椎动物或哺乳类。

伤齿龙的牙齿呈叶状，有大型锯齿状边缘，如同素食恐龙，而且牙齿短而宽广，侧边有磨损面。科学家根据这些判断伤齿龙更像是素食恐龙。

最聪明的恐龙

伤齿龙是具有智慧的恐龙之一。以脑容量与体型相比较，伤齿龙具有恐龙中最大的脑袋。这显示它们可能是白垩纪晚期最聪明的恐龙。有些科学家甚至认为它可能和鸵鸟智商相近，这比现在的任何爬行动物都要聪明。

note 知识小笔记

1978~1984年间，科学家在加拿大的蒙大拿山区发现了三处恐龙巢穴遗迹，包括一窝排列整齐的伤齿龙蛋。

繁殖特点

生活在北美洲的伤齿龙常把卵产在刚干涸的湖底或沼泽地的湿润泥土里。而生活在我国的白垩纪伤齿龙则是选择水边的沙土地作为产卵地点。产完卵后，它们会用沙土小心地将这些蛋埋起来，还会孵蛋。

探秘白垩纪

恐龙世界的羚羊——棱齿龙

棱齿龙生活于距今约 1.1 亿年前的白垩纪早期，是一种比弯龙更原始的鸟脚类恐龙，因其牙齿颊有沟槽和高棱而得名。这类恐龙行动敏捷，善于奔跑。目前棱齿龙的化石主要发现于欧洲，尤其在英格兰发现最多。

发现和命名

棱齿龙的第一副骨骸是在 1849 年由早期古生物学家发现，当时，这些骨头被认为属于年轻禽龙。直到 19 世纪 70 年代，古生物学家赫胥黎为其命名。

古生物学家赫胥黎

身体特征

棱齿龙属于小型恐龙，头部只有成人的拳头大小，身长 1.4~2.3 米，体重 50~70 千克，其身高只能达到成年人的腰部。

棱齿龙的前肢很长，有 5 指，很适合抓扯食物并能捧食，而且它的喙嘴狭窄锐利，很适合咬食树木的枝叶。

恐龙世界的羚羊

如同大部分小型恐龙，棱齿龙也是两足恐龙，它的两腿修长，奔跑起来速度很快，奔跑时，僵硬的尾巴可以很好地保持身体平衡。科学家推测棱齿龙奔跑起来的速度甚至与今天动物界中的羚羊相当，固有"恐龙世界的羚羊"之美誉。

知识小笔记

在英格兰南部海岸的威特岛，曾发现了12头棱齿龙化石集合在一起，它们可能当时被上涨的潮水困住而死于此地。

虽然棱齿龙生存于恐龙时代的最后一期白垩纪，但它们仍然拥有许多原始恐龙的特征。

生活习性

1882 年，有些古生物学家提出棱齿龙如同现代树袋鼠，能够攀爬树木寻找躲藏处。这个观点持续了一个世纪之久。直到 1974 年，一些科学家提出棱齿龙应该生存于地面上，它们属于群居动物，以低处的植被为食，就像现代的鹿以植物的嫩枝和根部为食一样。

探秘白垩纪